Innenangriff

Sichere und effiziente Vornahme von Hohlstrahlrohren

von

Dipl.-Ing. Christian Ebner
Brandoberrat
Berufsfeuerwehr Wolfsburg

2., aktualisierte Auflage 2016

Verlag W. Kohlhammer

2., aktualisierte Auflage 2016

Alle Rechte vorbehalten
© W. Kohlhammer GmbH, Stuttgart
Gesamtherstellung: W. Kohlhammer GmbH, Stuttgart

ISBN 978-3-17-030927-2

Vorwort

Der Innenangriff gehört mitunter zu den gefährlichsten Aufgaben, welche die Feuerwehr zu bewältigen hat. Berichte über Unfälle oder Beinaheunfälle werden in der Fachpresse regelmäßig publiziert. Dieses Rote Heft/Ausbildung kompakt wurde mit dem Ziel geschrieben, die Besonderheiten des Innenangriffs herauszuarbeiten und zu diskutieren, um dadurch die Sicherheit für die vorgehenden Trupps im Innenangriff zu erhöhen. Da die Sicherheit und auch die Effizienz des Löschens durch den richtigen Einsatz von Hohlstrahlrohren erhöht werden kann, steht auch das Hohlstrahlrohr im Fokus dieser Publikation.

Im ersten Kapitel wird auf die Technik, die Handhabung und die sprühbildbeeinflussenden Faktoren eines Hohlstrahlrohres eingegangen. Auf dieser Basis aufbauend werden im zweiten Kapitel die Überprüfung des Hohlstrahlrohres und die verschiedenen Grundpositionen mit ihren jeweiligen Vor- und Nachteilen dargestellt. Das dritte Kapitel beschäftigt sich mit unterschiedlichen Raumbränden, deren Verläufen und Besonderheiten. Die so genannte RWLFU-Analyse, die im vierten Kapitel zu finden ist, dient dem vorgehenden Trupp zur Gefährdungseinschätzung im Innenangriff und der Abschätzung des Zustandes eines Raumbrandes. Hierbei wurde versucht, den Praxisbezug durch Anwendung der RWLFU-Analyse auf ausgewählte Szenarien herzustellen. In Kapitel fünf werden die Phänomene Rauchgasdurchzündung, Feuerübersprung und Rauchgasexplosion dargestellt, diesbezügliches Hintergrundwissen vermittelt, Abgrenzungskriterien angezeigt und Verhaltenshinweise gegeben. Die in Kapitel sechs beschriebenen taktischen Vorgehensweisen sind Überlegungen zur Maximierung der Sicherheit für den vorgehenden Trupp. So werden der Sicherheitsbereich, die Antiventilationstaktik, beispielhafte Lauflinien und Aufenthaltsorte als auch das »Zwei-geschlossene-Türen-Prinzip« für den Rückzug behandelt. In Kapitel sieben findet der Leser Informationen zum Atemschutznotfall. Da oftmals ein Sicherheitskonzept für den Sicherheitstrupp existiert, werden in diesem Kapitel insbesondere Verhaltenshinweise für den Angriffstrupp in kritischen Situationen vorgestellt. Tipps für das Öffnen von kritischen Türen werden in Kapitel acht durch detaillierte Beschreibung der Vorbereitungs- und Eindringphase gegeben. Das Kapitel neun beinhaltet zusammenfassend die Aufgaben des Truppführers aus den vorangegangenen Kapiteln. Im letzten Kapitel wird ein Ausbildungskonzept mit den in diesem Heft behandelten Themen angeboten.

Die hier dargestellten Vorgehensweisen und Merksätze beziehen sich explizit auf den Innenangriff in Wohngebäuden. Zudem wurde ein Zwei-Mann-Trupp als Truppstärke vorausgesetzt. Um bestimmte Details in den Abbildungen besser darstellen zu können, sind die abgebildeten Trupps nicht vollständig ausgerüstet.

In der Ausbildung lernt jeder Feuerwehrangehörige, dass der Eigenschutz über den Fremdschutz zu stellen ist. Durch die Gefahrenmatrix soll der Feuerwehrangehörige in die Lage versetzt werden, die im Innenangriff vorherrschenden Gefahren erkennen und diesen durch richtiges Verhalten begegnen zu können. In anderen Worten ausgedrückt könnte man auch sagen, dass sich der

Trupp stets über das vorherrschende Risiko im Klaren sein muss. Die Komplexität der Aufgaben im Innenangriff verlangt nach einfachen Hilfsmitteln, die dem vorgehenden Trupp eine schnelle Beurteilung der Lage ermöglichen und somit eine Risikoabschätzung zulassen. Diesbezüglich werden verschiedene Rückzugsindikatoren dargestellt. Die in den Kapiteln vorgestellten Merksätze, die RWLFU-Analyse und die Handlungsempfehlungen sind nicht nur einfach und schnell zu erlernen, sondern erhöhen durch standardisiertes Vorgehen die Stressresistenz und somit die Handlungssicherheit in kritischen Situationen. Die empfohlenen Merksätze orientieren sich an schwierigen Einsatzbedingungen, die unter realen Bedingungen mehrfach getestet wurden.

Die Darstellung der dynamischen Prozesse eines Raumbrandes, in Kombination mit dem Versuch der situativen Beschreibung von Verhaltenshinweisen, stößt bei einem schriftlichen Medium an Grenzen. Daher kann dieses Rote Heft/Ausbildung kompakt nur der Versuch sein, Anregungen für die Aus- und Fortbildung zu geben.

Allen Personen, die mir bei der Erstellung dieses Werkes geholfen haben, sei mein herzlichster Dank ausgesprochen. Insbesondere bedanke ich mich bei den Wachabteilungen der Berufsfeuerwehr Wolfsburg für die ausharrende Geduld bei der Erstellung der Bilder.

Christian Ebner

Inhaltsverzeichnis

1 Das Hohlstrahlrohr

In diesem Heft werden zur Beschreibung der Funktionen und der Technik von Hohlstrahlrohren die in der DIN niedergeschriebenen Fachbegriffe verwendet. Diese Begriffe werden zu Beginn des ersten Kapitels näher beschrieben. Neben den Vor- und Nachteilen von Hohlstrahlrohren werden auch deren wichtigste Bestandteile benannt. Durch die Darstellung der sprühbildbeeinflussenden Faktoren, Visualisierung beispielhafter Durchfluss-Druckdiagramme und Aufzählung der Hohlstrahlrohrkategorien dient das erste Kapitel auch als Grundlage für eventuell bevorstehende Beschaffungsmaßnahmen von Hohlstrahlrohren.

1.1 Begriffe

Strahlrohr
Ein Strahlrohr nach DIN EN 15182-1 ist eine Armatur zur Wasserabgabe, die mit einem Schlauch und einer Kupplung an eine Wasserzufuhr angeschlossen ist und Wasser entsprechend den Anforderungen des Anwenders abgibt.

Hohlstrahlrohr

Ein Hohlstrahlrohr nach DIN EN 15182-2 ist ein absperrbares Strahlrohr zur Abgabe von Löschwasser in Form von Vollstrahl und winkelveränderlichem Sprühstrahl.

Vollstrahl

Ein Vollstrahl ist ein Strahl mit maximaler Reichweite und mechanischer Wirkung.

Sprühstrahl

Ein Sprühstrahl ist jeder Strahl ausgenommen Vollstrahl.

Strahlarten

Es werden nachstehende Strahlarten zur Beschreibung eines Hohlstrahlrohres verwendet:
- Sprühstrahlarten und
- Wurfstrahlarten.

Sprühstrahlarten

Nach DIN EN 15182-1 werden folgende Sprühstrahlarten unterschieden:
- Hohlkegel-Sprühstrahl,
- Vollkegel-Sprühstrahl,
- Hohl-/Vollkegel-Sprühstrahl abwechselnd,
- Hohlkegel-Sprühstrahl mit schmalem Sprühstrahl kombiniert und
- Hohlkegel-Sprühstrahl mit Vollstrahl kombiniert.

Wurfstrahlarten

Nach DIN EN 15182-1 werden folgende Wurfstrahlarten unterschieden:
- Vollstrahl,
- schmaler Sprühstrahl und
- breiter Sprühstrahl.

Schmaler Sprühstrahl

Gemäß DIN EN 15182-2 ist schmaler Sprühstrahl die mittlere Stellung zwischen Vollstrahl und breitem Sprühstrahl, die sowohl Wurf- als auch Schutzwirkung bietet. Der schmale Sprühstrahl muss einen Sprühwinkel von mindestens 30° aufweisen.

Breiter Sprühstrahl

Gemäß DIN EN 15182-2 ist breiter Sprühstrahl ein Strahl, der ausschließlich für den Schutz des Anwenders bestimmt ist. Der breite Sprühstrahl muss einen Sprühwinkel von mindestens 100° aufweisen.

Spülen

Spülen ist eine Stellung, die ein Entfernen von Verschmutzungen aus dem Strahlrohr möglich macht.

Düse

Die Düse ist das Teil des Strahlrohres, das die Durchflussmenge und die Strahlform des Wassers regelt.

1.2 Technik und Leistung

1.2.1 Vor- und Nachteile

Ein Hohlstrahlrohr besteht im Gegensatz zum Mehrzweckstrahl-
rohr aus einer Vielzahl von Einzelteilen. Im Bild 1 ist beispielhaft
eine Explosionszeichnung eines Hohlstrahlrohres dargestellt. Der
Zeichnung ist leicht zu entnehmen, dass das Hohlstrahlrohr eine
hoch entwickelte Armatur darstellt, mit der sorgfältig umgegan-
gen und die regelmäßig gewartet werden muss.

Konstruktionsbedingt sind Hohlstrahlrohre gegenüber den
Mehrzweckstrahlrohren eher Fehler- und Störanfällig. Insbesondere kann verunreinigtes Löschwasser bei Hohlstrahlrohren zu einer Verstopfung der am Strahlrohrkopf befindlichen feinen Düsen
führen, was zur Folge haben kann, dass das Hohlstrahlrohr nicht
mehr einsetzbar ist und der Trupp den Löschangriff abbrechen

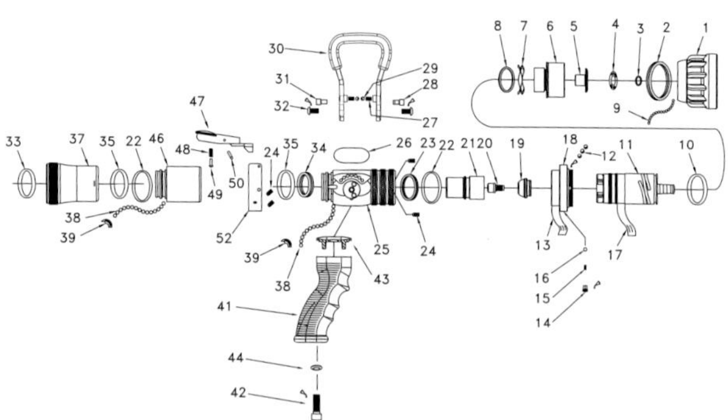

Bild 1: Explosionszeichnung eines Hohlstrahlrohres (Quelle: Leader
GmbH, Saarbrücken)

muss. Die wesentlichen Vor- und Nachteile der Hohlstrahlrohre sind der Tabelle 1 zu entnehmen.

Tabelle 1: Vor- und Nachteile von Hohlstrahlrohren

Vorteile	Nachteile
– stufenlos verstellbare Strahlform, – gleichzeitige Schutz- und Wurfwirkung möglich, – verbesserte Ergonomie, – Übergang vom Vollstrahl zum Sprühstrahl ohne Strahlunterbrechung, – Zusatzkomponenten erhältlich (z. B. Schaumaufsatz), – effizientere Löschwirkung durch Minimierung der Tröpfchengröße, – verwendungszweckbezogene Beschaffung möglich, – in Abhängigkeit der Hohlstrahlrohrkategorie verbesserte Wasserdurchflussmengeneinstellung, – automatische Strahlrohre erreichen auch bei »niedrigem« Druck die Wurfweite, – flexible Löschmittelabgabe (Wasser, Netzwasser, Schaum), – Kompatibilität zur Standardausrüstung.	– höherer Anschaffungspreis, – höherer Schulungsaufwand, – höhere Ausfallwahrscheinlichkeit, – höhere Wahrscheinlichkeit einer Fehlbedienung, – höherer Wartungsaufwand, – herstellerspezifisches Bedienkonzept, – in Abhängigkeit der Hohlstrahlrohrkategorie nicht für jede Einsatzsituation zweckmäßig, – nahezu unüberschaubarer Beschaffungsmarkt, – in Abhängigkeit des Herstellers zu kleine Ausführung für optimale Bedienung.

1.2.2 Bestandteile eines Hohlstrahlrohres

Ein Hohlstrahlrohr besteht aus folgenden Bestandteilen (Bild 2):
– einem Anschlusssystem,

– einem Haltesystem,
– einer Einrichtung zum Öffnen und Schließen,
– einem oder mehreren Strahl-/Sprühsystem(en) sowie
– einem Durchflussmengeneinstellsystem.

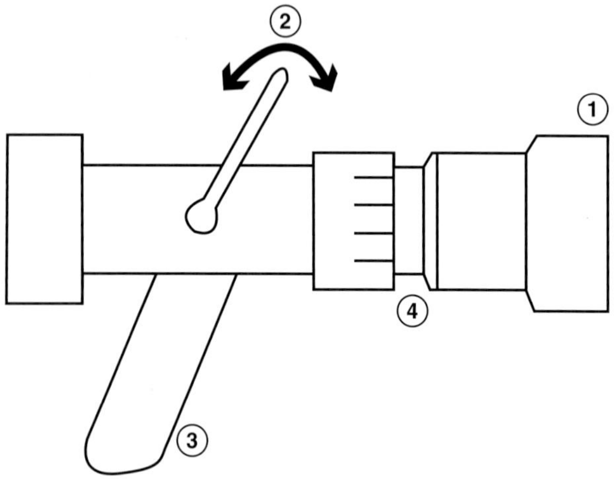

Bild 2:   Bestandteile eines Hohlstrahlrohres
① Düse
② Schaltbügel
③ Haltevorrichtung
④ Dreh-Bedienelement/Rotationsschaltelement

1.2.3 Anforderungen an ein Hohlstrahlrohr

Die Anforderungen an Hohlstrahlrohre sind in der DIN EN
15182-1 »Strahlrohre für die Brandbekämpfung – Teil 1: Allgemeine Anforderungen« und DIN EN 15182-2 »Strahlrohre für die

Brandbekämpfung – Teil 2: Hohlstrahlrohre PN 16« festgelegt. In der Tabelle 2 werden die wichtigsten Anforderungen zusammengefasst.

Tabelle 2: Anforderungen an Hohlstrahlrohre

Raummaß:	max. Durchflussmenge ≤ 500 l/min: max. 450 × 300 × 150 mm max. Durchflussmenge > 500 l/min: max. 600 × 350 × 200 mm
Gewicht:	max. Durchflussmenge ≤ 500 l/min: max. 3,5 kg max. Durchflussmenge > 500 l/min: max. 5,5 kg
Nenndruck:	16 bar
Prüfdruck:	25,5 bar
Sprühwinkel:	mindestens 100°, bis 0° verstellbar
Rotationsschaltelement:	Bei Verwendung von Rotationsschaltelementen (z. B. Stellring oder drehbarer Strahlrohrkopf) muss ein Drehen im Uhrzeigersinn eine Strahlformverstellung von Sprüh- zu Vollstrahl bzw. eine Durchflussmengenverstellung von groß nach klein bewirken. Die Endstellungen für Sprüh- und Vollstrahl müssen dauerhaft gekennzeichnet sein. Die Einstellung der maximalen Durchflussmenge muss auch mit Handschuhen ertastbar sein.
Durchflussmenge:	Bei Referenzdruck darf die Abweichung vom eingestellten Wert im Bereich bis 250 l/min + 25 l/min und über 250 l/min + 10 % vom eingestellten Wert betragen.
Durchflussmengenverstellung:	Über eine mit Zahlen gekennzeichnete Rasterung.
Positionskennzeichnung:	Eindeutige Erkennbarkeit der Position »Zu« bzw. bei Schaltbügel Position »Zu« in Richtung Austrittsöffnung.
Anschluss:	Der Anschluss muss um die Schlauchachse drehbar sein.

| Fallprüfung: | Das Hohlstrahlrohr wird an einem mindestens drei Meter langen, gefüllten (6 bar) als auch ungefüllten Schlauch aus zwei Metern Höhe auf eine Betonoberfläche fallen gelassen. Es sollte so aufkommen, dass es auf zwei verschiedene Seiten fällt. Ist ein Bügelgriff vorhanden, so wird das Hohlstrahlrohr zusätzlich auf diesen Bügel fallen gelassen. Der Bügelgriff muss in der Stellung »Zu« verbleiben. Das Hohlstrahlrohr wird zusätzlich ohne Schlauch aus zwei Metern Höhe auf eine Betonoberfläche fallen gelassen. Dabei sollte es so aufkommen, dass es senkrecht auf die Düse fällt. Nach diesen Prüfungen muss das Hohlstrahlrohr noch voll funktionsfähig sein. |
| Bedien- und Halteelement: | Die Bedien- und Halteelemente müssen griffsicher und mechanisch widerstandsfähig sein. Die Halteelemente sind aus einem gegen Kälte isolierenden Werkstoff herzustellen oder mit einem Schutzüberzug zu versehen. Es muss ein ruckfreies Öffnen und Schließen des Hohlstrahlrohrs möglich sein. Ist das Hohlstrahlrohr selbstschließend, muss die »Offen«-Stellung arretierbar sein. Bei Hohlstrahlrohren, die mit einem Bügel geöffnet und geschlossen werden, muss sich die Stellung »Zu« in Richtung Austrittsöffnung befinden. Falls es sich um ein anderes Bedienelement handelt, muss die Position »Zu« eindeutig erkennbar sein. Das Drehen von Rotationsschaltelementen im Uhrzeigersinn muss eine Strahlformverstellung von Sprüh- nach Vollstrahl und/oder von größerer zu kleinerer Durchflussmenge bewirken. |

1.2.4 Durchfluss-Druckdiagramm

Das hohlstrahlrohrspezifische Durchfluss-Druckdiagramm visualisiert die Leistungsfähigkeit des Strahlrohres in den jeweiligen Strahlarten und in Abhängigkeit des vorherrschenden Druckes. Die in der DIN EN 15182-1 beschriebenen fünf Kegel-Sprühstrahlarten werden im Durchfluss-Druckdiagramm mit den in Tabelle 3 ersichtlichen Symbolen dargestellt.

Tabelle 3: Kegel-Sprühstrahlarten

Symbol	Kegel-Sprühstrahlart	Beschreibung
	Hohlkegel-Sprühstrahl	Innerhalb des Kegels befindet sich kein Löschwasser.
	Vollkegel-Sprühstrahl	Innerhalb des Kegels befindet sich Löschwasser.
	Hohl-/Vollkegel-Sprühstrahl abwechselnd	Innerhalb des Kegels wird alternierend Löschwasser abgegeben.
	Hohlkegel-Sprühstrahl mit schmalem Sprühstrahl kombiniert	Innerhalb des Kegels existiert ein schmaler Sprühstrahl.
	Hohlkegel-Sprühstrahl mit Vollstrahl kombiniert	Innerhalb des Kegels existiert ein Vollstrahl.

Die Wurfstrahlarten werden im Durchfluss-Druckdiagramm mit den in Tabelle 4 ersichtlichen Symbolen dargestellt.

Tabelle 4: Wurfstrahlarten

Symbol	Wurfstrahlart	Wirkung
(N N)	Vollstrahl	ausschließlich Wurfwirkung
(N N)	schmaler Sprühstrahl	Wurf- und Schutzwirkung
(N N)	breiter Sprühstrahl	ausschließlich Schutzwirkung

Mit den Bildern 3 und 4 werden zwei beispielhafte Durchfluss-Druckdiagramme dargestellt. Für diese beiden Diagramme gilt die in Tabelle 5 ersichtliche Legende.

Tabelle 5: Legende für Durchfluss-Druckdiagramme

Legende	Wurfstrahlart	Eingezeichnet mit
(N N)	Vollstrahl: Reichweite [m]	gerader Linie
(N N)	schmaler Sprühstrahl: Reichweite [m]	gepunkteter Linie
(N N)	maximaler Sprühstrahl: Reichweite [m]	gestrichelter Linie

Dem Bild 4 ist zu entnehmen, dass das Hohlstrahlrohr mit Vollkegel bei einer Wasserdurchflussmenge von 200 l/min und einem Druck von fünf bar folgende Reichweiten erzielt:
- 5 m bei breitem Sprühstrahl (ausschließlich Schutzwirkung),
- 6 m bei schmalem Sprühstrahl (Wurf- und Schutzwirkung),
- 16 m bei Vollstrahl (ausschließlich Wurfwirkung).

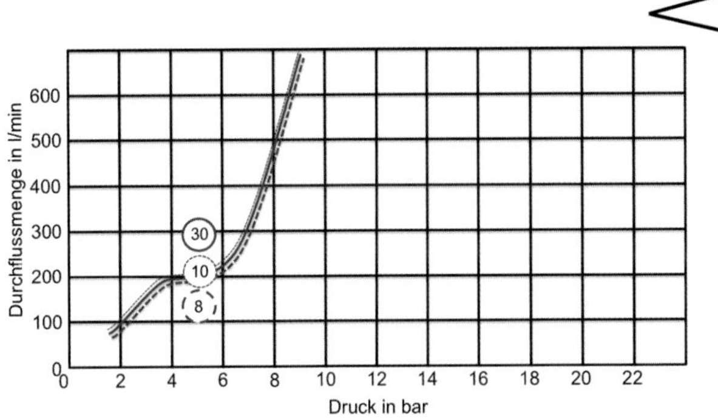

Bild 3: Beispielhaftes Druckdiagramm für ein Hohlstrahlrohr mit Hohlkegel

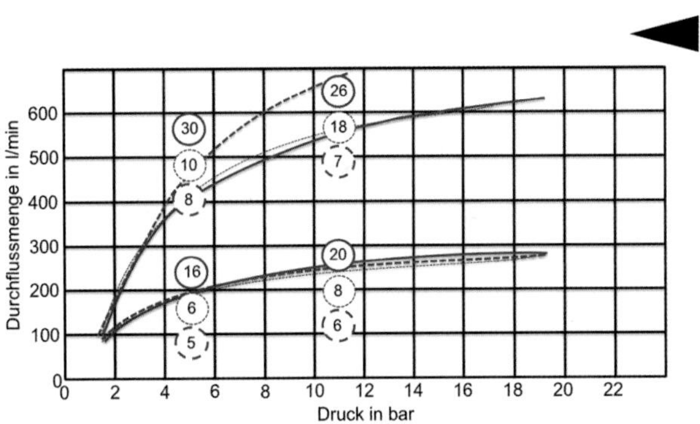

Bild 4: Beispielhaftes Druckdiagramm für ein Hohlstrahlrohr mit Vollkegel

Wird die Wasserdurchflussmenge bei einem Druck von fünf bar von 100 l/min auf 400 l/min erhöht, so werden folgende Wurfweiten erzielt:

- 8 m bei breitem Sprühstrahl (ausschließlich Schutzwirkung),
- 10 m bei schmalem Sprühstrahl (Wurf- und Schutzwirkung),
- 30 m bei Vollstrahl (ausschließlich Wurfwirkung).

1.2.5 Wirkungsweise

Die gängigen Hohlstrahlrohre erzeugen je nach Öffnungswinkel und Druck einen Tropfendurchmesser von zirka 0,2 bis 0,5 mm. Je geringer der erzeugte Tropfendurchmesser ist, desto größer ist die erzeugte Oberfläche des Löschwassers. Die wesentliche Löschwirkung des Wassers beruht auf dem Kühleffekt. Dieser hängt unmittelbar von der Wasseroberfläche ab. Je größer die erzeugte Wasseroberfläche ist, desto effizienter ist der Kühleffekt. Der Tropfendurchmesser steht in direktem Zusammenhang mit dem Druck. Je höher der Druck am Hohlstrahlrohr ist, desto kleiner ist der gebildete Tropfendurchmesser bei gleicher Hohlstrahlrohreinstellung. Daher ist es zu empfehlen, das Hohlstrahlrohr eher mit etwas mehr als zu wenig Druck zu betreiben.

Betrachtet man die bei der Tropfenbildung aus einem Liter Wasser erzeugte Wasseroberfläche, so kann festgestellt werden, dass bei gleichem Wassereinsatz die Wasseroberfläche vergrößert werden kann, wenn der Sprühstrahl mit möglichst kleinen Tropfen erzeugt wird. In jedem Sprühstrahl sind die Tropfen stets unterschiedlich groß. Weichen die Tropfendurchmesser von ihrem Mittelwert nur sehr wenig ab, so bezeichnet man den Sprühstrahl als *monodispers*. Haben die Tropfendurchmesser eine große

Streuung, so bezeichnet man den Sprühstrahl als *polydispers*. Die Hohlstrahlrohre erzeugen polydisperse Sprühstrahlen mit Tropfendurchmessern von zirka 0,2 bis 0,5 mm im Sprühbild.

1.2.6 Hohlstrahlrohrklassifizierung

Strahlrohre für die Brandbekämpfung werden nach DIN EN 15182-1 in die im Bild 5 ersichtlichen Klassifizierungen eingeteilt. Die Tabelle 6 veranschaulicht – abgeleitet aus den Klassifizierungen der DIN EN 15182-1 – die Eigenschaften der einzelnen Hohlstrahlrohrtypen.

Tabelle 6: Eigenschaften der Hohlstrahlrohre nach Typen

Hohlstrahlrohr	Strahlform variabel	variable Durchflussmenge	konstante Durchflussmenge	einstellbare, konstante Durchflussmenge	konstanter Druck	Hinweis
Typ 1	✓	✓				Änderung der Strahlform verändert die Durchflussmenge.
Typ 2	✓		✓			Änderung der Strahlform verändert die Durchflussmenge nicht.
Typ 3	✓			✓		Änderung der Strahlform verändert die Durchflussmenge nicht.
Typ 4.1	✓		✓		✓	Änderung der Strahlform verändert die Durchflussmenge nicht.
Typ 4.2	✓			✓	✓	Änderung der Strahlform verändert die Durchflussmenge nicht.

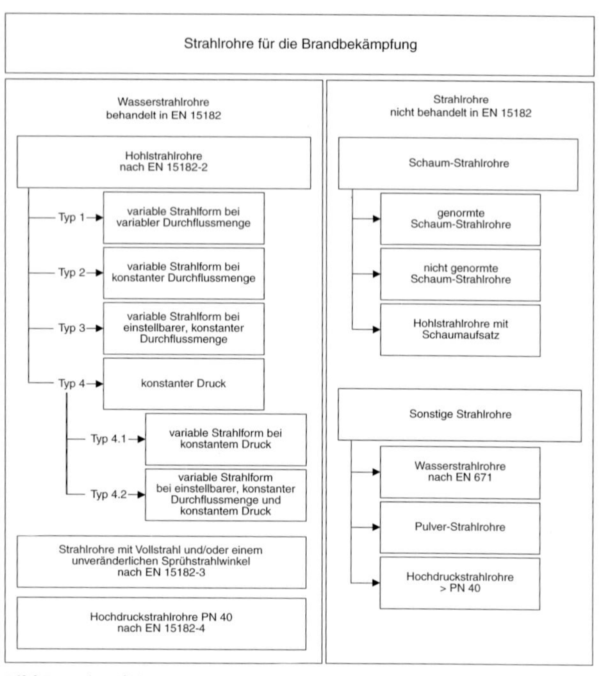

Bild 5: Klassifizierung von Strahlrohren

1.3 Handhabung und Löschwasserabgabe

Eine Grundvoraussetzung für ein effizientes Arbeiten mit dem Hohlstrahlrohr ist das richtige Halten des Strahlrohres. Nachstehend werden das richtige Halten sowie die Vorteile der Hohlstrahlrohre mit Haltevorrichtung gegenüber denen ohne Haltevorrichtung beschrieben.

Ein Hohlstrahlrohr mit Haltegriff bietet gegenüber einem Hohlstrahlrohr ohne Haltegriff folgende Vorteile:

- Gegenstände/Hindernisse können im Innenangriff besser beseitigt werden, da das Hohlstrahlrohr sicher am Haltegriff geführt wird.
- Es ist sowohl für den Innen- als auch für den Außenangriff geeignet.
- Der Schulungsaufwand ist geringer, da die Handkoordination auf eine Hand beschränkt ist.
- Der Haltegriff führt in der Regel zu einer genaueren Strahlführung.
- Der Kraftaufwand zum Führen des Strahlrohres ist geringer.
- Die Rückstoßkräfte können durch den Haltegriff besser aufgenommen werden.

Das Bild 6 zeigt das richtige Halten eines Hohlstrahlrohres mit Haltevorrichtung, das Bild 7 das richtige Halten eines Hohlstrahlrohres ohne Haltevorrichtung.

Merke:
Eine gezielte Wasserabgabe ist in der Fortbewegung nicht möglich und im Innenangriff auch nicht notwendig! Daher gilt: Entweder fortbewegen oder Wasser abgeben, nicht beides zur gleichen Zeit!

1.4 Sprühbildbeeinflussende Faktoren

Das Sprühbild eines Hohlstrahlrohres wird im Wesentlichen durch folgende fünf Faktoren beeinflusst:

Bild 6: Richtiges Halten eines Hohlstrahlrohres mit Haltevorrichtung
① Der Haltegriff und der Schaltbügel werden fest umgriffen.
② Wird der Schlauch an der rechten Körperseite vorbeigeführt, so greift die rechte Hand zur Haltevorrichtung. Wird der Schlauch an der linken Körperseite vorbeigeführt, so greift die linke Hand zur Haltevorrichtung.
③ Für eine flexible Handhabung des Hohlstrahlrohres muss ein ausreichender Abstand zum Körper vorhanden sein. Das Strahlrohr kann somit flexibler zur Seite hin eingesetzt werden.
④ Das Rotationsschaltelement wird durch die am Schaltbügel befindliche Hand bedient.

– den Zahnkranz,

– das Turbinenrad,

– die Wasserdurchflussmenge,

– den Druck und

– den Hohlstrahlrohrführer.

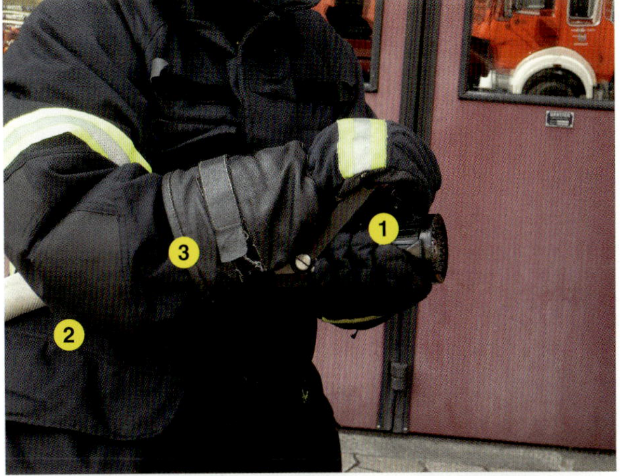

Bild 7: Richtiges Halten eines Hohlstrahlrohres ohne Haltevorrichtung

① Der Schaltbügel und der Düsenkopf werden fest umgriffen.

② Wird der Schlauch an der rechten Körperseite vorbeigeführt, so greift die rechte Hand zum Schaltbügel. Die linke Hand reguliert die Winkeleinstellung. Wird der Schlauch an der linken Körperseite vorbeigeführt, so greift die rechte Hand zum Düsenkopf. Die linke Hand greift zum Schaltbügel.

③ Für eine bessere Handhabung wird der Schlauch zwischen Hüfte und Arm geführt.

1.4.1 Der Zahnkranz

Beim Zahnkranz hat die Anordnung der gegossenen Zähne einen entscheidenden Einfluss auf das Sprühbild. Im Wesentlichen werden hier versetzt angeordnete gegossene Zahnkränze von nicht versetzt angeordneten gegossenen Zahnkränzen unterschieden (Bild 8). Die Darstellung der durch die Anordnung der Zahnkränze resultierenden Sprühbilder würde den Rahmen dieses Heftes sprengen. Daher wird nachstehend nur auf die wesentlichen Unterschiede eingegangen.

Bild 8: Hohlstrahlrohr mit Turbinenrad ① und Hohlstrahlrohr mit versetzt gegossenem Zahnkranz ②

Bild 9: Fingerbildung bei einem Hohlstrahlrohr mit gegossenem Zahnkranz
① Im Sprühbild deutlich erkennbare höhere Dichte an Löschwasser.
② Im Sprühbild deutlich erkennbare niedrigere Dichte an Löschwasser.

Charakteristisch für ein Hohlstrahlrohr mit gegossenem Zahnkranz ist die so genannte Fingerbildung im Sprühbild. In Bild 9 ist gut zu erkennen, dass durch die Fingerbildung eine inhomogene Verteilung des Wassers im Sprühbild erfolgt. In Abhängigkeit von der Anzahl und Anordnung der gegossenen Zähne im Zahnkranz resultiert ein feineres bzw. gröberes Sprühbild. Bei Hohlstrahlrohren mit gegossenem Zahnkranz befindet sich auch Wasser innerhalb des Kegels. Es handelt sich hierbei um einen Vollkegel. Bedingt durch den Vollkegel werden die Flammen und der Rauch vom Strahlrohrführer weggedrückt.

1.4.2 Das Turbinenrad

Das am Strahlrohrkopf befindliche Turbinenrad wird durch das ausströmende Wasser in Bewegung gesetzt. Diese Bewegung führt zu einem homogenen Sprühbild. Eine Fingerbildung ist nicht erkennbar (Bild 10). Bei Hohlstrahlrohren mit Turbinenrad befindet sich kein Wasser innerhalb des Kegels. Es handelt sich hierbei um einen Hohlkegel. Bedingt durch den Hohlkegel und die daraus resultierenden Druckgradienten werden die Flammen und der Rauch in Richtung Hohlstrahlrohrführer »angesaugt«.

Bild 10: Sprühbild bei einem Hohlstrahlrohr mit Turbinenrad. Es ist keine Fingerbildung erkennbar.

Tipp: Bei der Beschaffung eines Hohlstrahlrohres mit Turbinenrad sollte darauf geachtet werden, dass das Turbinenrad aus Metall und nicht aus Kunststoff besteht. Erfahrungsgemäß sind Turbinenräder aus Kunststoff kurzlebiger, da die Zähne des Turbinenrades bei unvorsichtiger Handhabung abbrechen (Bild 11).

Bild 11: Hohlstrahlrohre mit Turbinenräder aus Kunststoff (links) und Stahl (rechts)

① Turbinenräder aus Stahl sind robuster und somit langlebiger.

② Abgebrochene bzw. verbogene Zähne eines aus Kunststoff bestehenden Turbinenrades. Das Sprühbild ist hier nicht optimal. Wasser tropft am Düsenkopf ab, sodass die Handschuhe des Hohlstrahlrohrführers unter Umständen feucht werden. Nasse Handschuhe führen bei hohen Umgebungstemperaturen dazu, dass sich der Hohlstrahlrohrführer – und damit der Trupp – zurückziehen muss.

1.4.3 Die Wasserdurchflussmenge

Hiermit ist nicht die Wasserdurchflussmenge gemeint, die am Stellring des Hohlstrahlrohres eingestellt werden kann. In diesem Zusammenhang sind Faktoren gemeint, die unabhängig von der gewählten Wasserdurchflussmenge zu einer Reduzierung des Volumenstromes führen. Da eine wesentliche Verringerung der Wasserdurchflussmenge das Sprühbild nachteilig beeinflusst, werden nachstehend die wichtigsten Faktoren benannt.

Jede Querschnittsverengung des Schlauches führt zu einer Reduzierung der Wasserdurchflussmenge. Der Strahlrohrführer muss insbesondere in liegender Position ein Augenmerk auf die Strahlrohrführung legen, da in dieser Position bei gleichzeitiger Wasserabgabe in Richtung Decke eine ungewollte Querschnittsverengung des Schlauches resultieren kann (Bild 12). Je steiler das Hohlstrahlrohr in liegender Position in Richtung Decke geführt wird, desto größer ist die Wahrscheinlichkeit, dass der Schlauch abknickt und somit eine ungewollte Querschnittsverengung entsteht.

Bild 12:
Querschnittsverengung der Schlauchleitung durch Wasserabgabe in Richtung Decke in liegender Position

Ein weiterer, oft zu beobachtender Fehler besteht darin, dass das Schaltorgan nicht vollständig geöffnet wird (Bild 13). Auch in diesem Fall führt die reduzierte Wasserdurchflussmenge zu einem suboptimalen Sprühbild und somit zu einer suboptimalen Löscheffizienz. Dieser Fehler tritt insbesondere in Stresssituationen und beim so genannten Impulslöschverfahren auf.

Bild 13: Das Schaltorgan muss für ein optimales Sprühbild vollständig geöffnet sein.
① Hohlstrahlrohr vollständig geschlossen.
② Hohlstrahlrohr nicht vollständig geöffnet mit der Folge eines suboptimalen Sprühbildes.
③ Hohlstrahlrohr vollständig geöffnet mit dem Ergebnis eines optimalen Sprühbildes.

1.4.4 Der Druck

Grundsätzlich muss das Hohlstrahlrohr mit dem nach Hersteller-angaben vorgegebenen Druck (in der Regel sechs bar) betrieben werden, um ein optimales Sprühbild zu erhalten. Eine größere Abweichung von diesem Druck muss vom Strahlrohrführer erkannt werden. Ein routinierter Hohlstrahlrohrführer kann anhand der beim Öffnen und Schließen des Hohlstrahlrohres entstehenden Rückstoßkräfte abschätzen, ob ausreichend Druck am Strahlrohr anliegt. Diese Rückstoßkräfte sollten während der Brandbekämpfung im Innenangriff bewusst wahrgenommen werden.

Hohlstrahlrohre der Kategorie 4.2, so genannte Automatikhohlstrahlrohre, sind derart konstruiert, dass diese bei Schwankungen der Wasserfördermenge den Strahlrohrdruck im Arbeitsbereich automatisch konstant halten. Realisiert wird dies über federgesteuerte bzw. hydraulische Anpassung der Durchflussweite innerhalb des Hohlstrahlrohres. Durch die Anpassung der Durchflussweite soll die Wurfweite gehalten werden. Ursprünglich wurde das Hohlstrahlrohr der Kategorie 4 für die Waldbrandbekämpfung konzipiert.

Da die Wurfweite beim Innenangriff eine eher untergeordnete Rolle einnimmt, sind Hohlstrahlrohre der Kategorie 4 für den Innenangriff nicht zu empfehlen. Mit diesen Hohlstrahlrohren wird dem vorgehenden Trupp bei Druckabfall – je nach Modell – eine falsche Sicherheit vermittelt. Zu beachten ist auch, dass insbesondere automatische Hohlstrahlrohre mit einem Schmutzfangsieb ausgerüstet sind (Bild 14). Je engmaschiger dieses Sieb ist, desto größer ist die Gefahr einer »Verstopfung« des Hohlstrahlrohres. Deshalb muss das Sieb vor und nach jedem Einsatz kontrolliert und gegebenenfalls gesäubert werden.

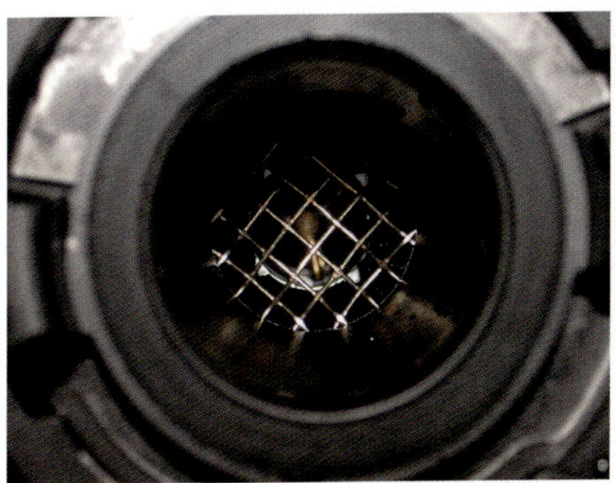

1.4.5 Der Hohlstrahlrohrführer

Selbstverständlich wird das Sprühbild auch durch den Bediener des Hohlstrahlrohres beeinflusst. Häufig zu beobachtende Fehler sind (siehe auch Bild 15):

- Mitnahme des falschen Hohlstrahlrohres für den Innenangriff,
- keine Überprüfung des Hohlstrahlrohres vor bzw. nach dem Einsatz,
- falsche Einstellungen am Hohlstrahlrohr (z. B. falsche Wasserdurchflussmenge und/oder Sprühwinkel),
- hektische Bewegungen am Sprühkopf,
- Hohlstrahlrohr wird nicht vollständig geöffnet.

Bild 15:   Häufige Fehler von Hohlstrahlrohrführern
① Kein homogenes Sprühbild, verursacht durch hektische Bewegungen am Sprühkopf.
② Die Handschuhe dieses Strahlrohrführers sind derart durchnässt, dass bei hohen Umgebungstemperaturen ein Rückzug des vorgehenden Trupps unvermeidbar ist.
③ Das Hohlstrahlrohr ist nicht vollständig geöffnet.

1.5 Welches Hohlstrahlrohr für den Innenangriff?

Wie bereits kurz dargestellt, gibt es Unterschiede zwischen dem Turbinenhohlstrahlrohr und dem Festkranzhohlstrahlrohr. In der Tabelle 7 werden die wesentlichen Unterschiede dieser beiden Hohlstrahlrohrtypen zusammengefasst.

Tabelle 7: Unterschied zwischen Turbinen- und Festkranzhohlstrahlrohr

	Turbinenhohl-strahlrohr	Festkranzhohl-strahlrohr
Kegelsprühstrahlart	Hohlkegel, innerhalb des Kegels befindet sich kein Wasser	Vollkegel, innerhalb des Kegels befindet sich Wasser
Rauch und Flammen werden angesogen	Ja	Nein
Sprühbild	ohne Fingerbildung, das Sprühbild ist homogen	mit Fingerbildung, das Sprühbild ist inhomogen

Der Autor empfiehlt für den Innenangriff ein Festkranzhohlstrahlrohr. Der durch das Festkranzhohlstrahlrohr erzeugte Vollkegel bewirkt nicht nur einen effizienteren Wassereintrag, mit diesem Hohlstrahlrohr werden auch Flammen und Rauch »weggedrückt«. Des Weiteren sollte bei der Beschaffung eines Hohlstrahlrohres auf folgende Merkmale geachtet werden:

- ausreichend großer Haltegriff,
- möglichst geringes Gewicht,
- ausreichend breiter Schaltbügel, sodass ein sicherer Griff gewährleistet ist,
- in geschlossener und geöffneter Stellung des Schaltbügels sollte ausreichend Platz zwischen dem Schaltbügel und dem Hohlstrahlrohr für die Finger sein,
- möglichst linearer Verlauf der Umstellung von Vollstrahl zu Sprühstrahl,
- breiter und gut griffiger Düsenkopf.

In Abhängigkeit des (gewünschten) Schulungsaufwandes sollte ein Hohlstrahlrohr der Kategorie 2 oder 3 gewählt werden.

2 Hohlstrahlrohrüberprüfung und -führung

Eine Voraussetzung für ein sicheres und effizientes Arbeiten im Innenangriff ist, dass sich der Hohlstrahlrohrführer nicht nur jederzeit über die möglichen Einstellungen des Hohlstrahlrohres im Klaren ist, sondern auch unter ungünstigen Bedingungen die Löschtaktik situationsbedingt anpassen und Einstellungen am Hohlstrahlrohr vornehmen kann. Neben der Hohlstrahlrohrüberprüfung, die zu Beginn und während des Einsatzes (z. B. Türöffnung) durchzuführen ist, werden in diesem Kapitel u. a. die Grundpositionen mit den jeweiligen Vor- und Nachteilen der Strahlrohrführung dargestellt.

2.1 Hohlstrahlrohrüberprüfung

Die Hohlstrahlrohrüberprüfung muss *grundsätzlich vor dem Einsatz* vom Strahlrohrführer durchgeführt werden und umfasst die vier nachstehenden Punkte:
– Überprüfung der Schlauchreserve,
– Überprüfung des Druckes,
– Überprüfung der Wasserdurchflussmenge,
– Überprüfung der Strahlform.

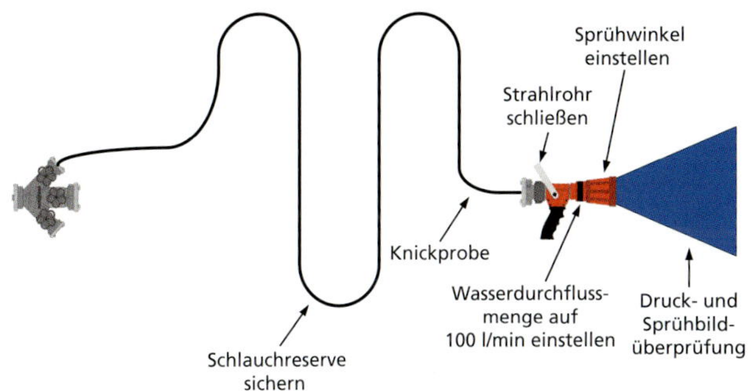

Bild 16: Merkschema »Vom Verteiler zum Sprühbild!«

Diese Überprüfungen sind vom Strahlrohrführer unbedingt durchzuführen. Um im Rahmen der Aus- und Fortbildung diese Kontrollmechanismen dauerhaft vermitteln zu können, kann das im Bild 16 dargestellte Schema »Vom Verteiler zum Sprühbild!« hilfreich sein.

2.1.1 Überprüfung der Schlauchreserve

Sichern Sie grundsätzlich zuerst die Schlauchreserve und überprüfen Sie dann das Hohlstrahlrohr. Die Wahrscheinlichkeit, dass sich das Hohlstrahlrohr verstellt, ist groß, wenn Sie dieses auf den Boden legen und dann die Schlauchreserve sicherstellen.

Die nachstehenden »Verstellungen« an Hohlstrahlrohren können bei Übungen und Einsätzen immer wieder beobachtet werden:

- Wasserdurchflussmenge, bedingt durch unbeabsichtigtes Verstellen des Stellrings,
- Sprühwinkel, bedingt durch unbeabsichtigtes Verstellen des Rotationsschaltelements,
- Öffnen des Hohlstrahlrohres, bedingt durch unbeabsichtigtes Verstellen des Schaltbügels.

Die Schlauchreserve muss mindestens so großzügig gewählt sein, dass der zu betretende Raum mit Wasser am Hohlstrahlrohr vollständig begangen werden kann. Diese Anforderung ist notwendig, um eventuelle Türen zu angrenzenden Räumen schnell und problemlos schließen zu können. Hierfür reicht bei der Brandbekämpfung in Wohngebäuden in der Regel eine halbe C-Schlauchlänge für den zu betretenden Raum aus.

2.1.2 Überprüfung des Druckes

Die Überprüfung des anstehenden Drucks am Hohlstrahlrohr kann auf zwei Arten durchgeführt werden. Die klassische Variante stellt die Wasserabgabe dar. Anhand des Sprühbildes und der damit verbundenen Rückstoßkräfte kann der anstehende Druck beurteilt werden. Der Vorteil dieser Variante ist, dass bei ausreichenden Sichtverhältnissen eine Beurteilung des Druckes bei jeder Wasserabgabe erfolgen kann. Die Rückstoßkräfte beim Öffnen des Hohlstrahlrohres während der Brandbekämpfung müssen durch den Hohlstrahlrohrführer bewusst wahrgenommen und kontinuierlich beurteilt werden.

Bei der zweiten Variante ist dagegen keine Wasserabgabe zur Beurteilung des Druckes notwendig. Das Beurteilungskriterium bei der so genannten Knickprobe ist die Schlauchsteifigkeit (Bild 17). Der Vorteil dieser Variante besteht darin, dass kein Löschwasser abgegeben werden muss und somit weitere Wasserschäden vermieden werden können. Ein weiterer Vorteil dieser Methode ist, dass auch der Truppführer den Druck überprüfen kann. Ein Nachteil der Knickprobe ist der zusätzliche Schulungsaufwand, da ein Gefühl für die Schlauchsteifigkeiten bei verschiedenen Drücken entwickelt werden muss. Zudem kann gegenüber einer Drucküberprüfung durch Wasserabgabe nicht kontrolliert werden, ob die Hohlstrahlrohreinstellungen und somit das Sprühbild richtig sind.

Bild 17: Hier stoppt der Ausbilder bei einer Heißausbildung die Türöffnung aufgrund unzureichender Druckverhältnisse. Die Knickprobe hat zum Abbruch geführt.

2.1.3 Überprüfung der Wasserdurchflussmenge

Die Überprüfung der Wasserdurchflussmenge findet an der Durchflussmengenverstellung statt. Diese ist nach Norm mit Zahlen versehen. Die Durchflussmenge wird in l/min angeben, die Verstellung ist zudem mit einer Rasterung ausgestattet. Somit stehen dem Hohlstrahlrohrführer zwei Möglichkeiten zur Überprüfung der Wasserdurchflussmenge zur Verfügung:

– visuell anhand der abgedruckten Zahlen sowie

– taktil anhand der vorhandenen Rasterung.

Da während eines Einsatzes im Innenangriff die Sichtverhältnisse nicht immer eine visuelle Überprüfung zulassen, leitet sich aus dieser Tatsache die Notwendigkeit ab, dass der Hohlstrahlrohrführer die Rasterstellungen mit den dazugehörigen Wasserdurchflussmengen für das verwendete Hohlstrahlrohr kennen muss, um eine taktile Überprüfung vornehmen zu können. In der Praxis ergibt sich diesbezüglich bei einigen Feuerwehren ein Problem, da auf Löschfahrzeugen teilweise bis zu vier verschiedene Hohlstrahlrohe mitgeführt werden.

Bild 18: Durchflussmengeneinstellung mittels Stellring
① Stellring zur Regulierung der Wasserdurchflussmenge. Durch den Stellring besteht die Möglichkeit, die Einstellungen visuell und durch die vorhandene Rasterung und den Pointer auch taktil zu überprüfen.
② Hohlstrahlrohr ohne Stellring. Die Wasserdurchflussmenge ist auf einen festen Wert eingestellt. Bedienfehler werden dadurch reduziert.

Sollte das Hohlstrahlrohr zur Einstellung der Wasserdurchflussmenge mit einem Rotationsschaltelement wie z.B. einem Stellring ausgestattet sein, so bewirkt das Drehen des Rotationsschaltelements im Uhrzeigersinn eine Durchflussmengenverstellung
von groß nach klein (Bild 18).

Der Autor empfiehlt für den Innenangriff eine Wasserdurchflussmenge von zirka 100 bis 150 l/min. Bei einer höheren Wasserdurchflussmenge besteht bei ungeübten Hohlstrahlrohrführern
eine erhebliche Eigengefährdung durch den entstehenden Wasserdampf bei hohen Umgebungstemperaturen.

2.1.4 Überprüfung der Strahlform

Das Rotationsschaltelement zur Strahlformverstellung muss nach
Norm einen Winkel von mindestens 100° stufenlos bis 0° darstellen können. Ein Drehen des Rotationsschaltelements im Uhrzeigersinn (z.B. drehbarer Strahlrohrkopf) muss eine Strahlformverstellung von Sprüh- zu Vollstrahl bewirken. Die Endstellungen für
Sprüh- und Vollstrahl müssen nach Norm dauerhaft gekennzeichnet sein. Die Norm sieht hierfür keine Rasterung vor. Somit ist
eine taktile Überprüfung der Strahlformeinstellung unmöglich. Einige Hersteller kompensieren dieses Defizit mit einem so genannten Pointer (Bild 19).

Anhand der Pointerstellung erhält der Hohlstrahlrohrführer
eine taktile Rückkopplung hinsichtlich der eingestellten Strahlform (Bild 20).

Bild 19: Rotationsschaltelement zur Strahlformverstellung in unterschiedlicher Ausführung

① Rotationsschaltelement mit Pointer in kleiner Ausführung. Die Strahlformeinstellungen sind dauerhaft gekennzeichnet. Der stufenlos drehbare Strahlrohrkopf hat in der Regel eine Rasterposition bei einem Winkel von etwa 45°.

② Rotationsschaltelement mit Pointer (auf dem Bild nicht zu sehen) in großer Ausführung. Die Strahlformeinstellungen sind dauerhaft gekennzeichnet. Der stufenlos drehbare Strahlrohrkopf hat keine Rasterung.

2.2 Grundpositionen

Häufig wird im Zusammenhang mit dem Innenangriff der so genannte »Seitenkriechgang« erwähnt. Da die darüber hinaus existierenden Grundpositionen eher unbekannt sind, werden diese nachstehend vorgestellt.

Für die vier Grundpositionen

- Stehendposition,
- Kniendposition (Seitenkriechgang),

Bild 20: Dauerhafte Kennzeichnung der Wasserdurchflussmenge und der Strahlformeinstellung

① Das Rotationsschaltelement zur Strahlformeinstellung besitzt bei dem dargestellten Hohlstrahlrohr keinen linearen Einstellungsmechanismus. Die Drehbewegung vom Vollstrahl zum zirka 45°-Sprühstrahl ist eher »groß«.

② Die Drehbewegung vom zirka 45°-Sprühstrahl zum maximalen Sprühwinkel ist eher »klein«. Eine hektische Bedienung des Rotationsschaltelements in kritischen Situationen kann schnell zu einer ineffizienten Strahlform führen.

③ Das Strahlrohr ist auf 450 l/min eingestellt. Derartige Wasserdurchflussmengen sollten bei einem Hohlstrahlrohr für den Innenangriff nicht einstellbar sein, um Bedienfehler zu vermeiden.

- Sitzendposition (Treppenposition) und
- Liegendposition (Selbstschutzposition)

gelten die nachstehenden Grundsätze: Der Trupp

- befindet sich grundsätzlich auf derselben Seite des Schlauches.
- befindet sich grundsätzlich in derselben Grundposition.
- hält kontinuierlich Kontakt zur Schlauchleitung bzw. zum Hohlstrahlrohr.
- bleibt grundsätzlich zusammen.
- darf für die Dauer des Innenangriffs das Hohlstrahlrohr nicht abgelegen.

Hieraus leitet sich ab, dass ein Hohlstrahlrohrtraining immer truppweise stattfinden sollte, da hierdurch zeitgleich das Zusammenspiel zwischen Truppmann und Truppführer trainiert wird. Darüber hinaus müssen beide Truppmitglieder die vier Grundpositionen kennen.

Merke:
Ein professionelles Hohlstrahlrohrtraining wird immer truppweise abgehalten!

Für die oben erwähnten vier Grundpositionen werden nachfolgend die Kriterien »Truppkommunikation«, »Fortbewegungsgeschwindigkeit«, »Bewegungseinschränkung«, »Manndeckung«, »Angriffsfläche« und »Absturz-/Sturzgefahr« beurteilt. Außerdem wird auf die positionsabhängigen Vor- und Nachteile eingegangen. Des Weiteren wird beschrieben, welche Grundposition in der Regel in welcher Situation eingenommen werden sollte. Zunächst werden in Tabelle 8 die Beurteilungsmerkmale der Kriterien näher umschrieben.

Tabelle 8: Merkmale der Kriterien für die vier Grundpositionen

Kriterien	Anmerkungen
Truppkommunikation	Da Angriffstrupps in der Regel mit einem Handsprechfunkgerät ausgerüstet sind, wird bei diesem Kriterium die Kommunikationsmöglichkeit innerhalb des Trupps ohne technische Hilfsmittel beurteilt.
Fortbewegungsgeschwindigkeit	Unter der Fortbewegungsgeschwindigkeit wird gleichfalls die Rückzugsgeschwindigkeit verstanden.
Bewegungseinschränkung	Das Kriterium Bewegungseinschränkung beurteilt die Bewegungsfreiheit in der jeweiligen Grundposition und somit die damit verbundenen Anstrengungen des Hohlstrahlrohrführers den Löschwasserstrahl an verschiedene Stellen im Raum zu führen.
Manndeckung	Hierbei wird beleuchtet, inwieweit der Truppführer eine Deckung durch den Truppmann für sich beanspruchen kann.
Angriffsfläche	Bei einer plötzlichen Druckerhöhung wird beurteilt, wie sich diese auf die eingenommene Grundposition auswirkt.
Absturz-/Sturzgefahr	Inwieweit bei den vier Grundpositionen eine Absturz- bzw. Sturzgefahr besteht, soll mit diesem Kriterium beurteilt werden.

2.2.1 Stehendposition

Die Stehendposition wird unterschieden in die
– Stehendposition mit Schlauchführung in Schulterhöhe sowie
– Stehendposition mit Schlauchführung in Hüfthöhe.

Der wesentliche Vorteil der Stehendposition ist die hohe Fortbewegungsgeschwindigkeit. Dem Vorteil des zügigen Eindringens in Gebäude bzw. Verlassens von Gebäuden steht allerdings die große Angriffsfläche bei einer Druckerhöhung sowie eine hohe Absturz-/Sturzgefahr gegenüber. Die Kommunikation ohne technische Hilfsmittel und die Manndeckung durch den Strahlrohrführer sind gut. In dieser Position kann der Löschwasserstrahl ohne große Anstrengung im Raum platziert werden.

Die Schlauchführung auf Schulterhöhe ist gut geeignet, um den Löschwasserstrahl nach »vorne-unten« abzugeben. Dies ist hilfreich, wenn der Löschwasserstrahl z. B. über eine Brüstung nach unten (Galerie, Loft usw.) oder bei einem Treppenabgang nach unten abgegeben werden muss. Das Gewicht des Schlauches und des Hohlstrahlrohres muss bei dieser Schlauchführung nicht gehalten werden (Bild 21).

Beurteilung der Kriterien bei der Stehendposition mit Schlauchführung in Schulterhöhe

Truppkommunikation: gut
Fortbewegungsgeschwindigkeit: gut
Bewegungseinschränkung: gering
Manndeckung: gut
Angriffsfläche: groß
Absturz-/Sturzgefahr: groß

Die Schlauchführung auf Hüfthöhe bietet die gleichen Vor- und Nachteile wie die Schlauchführung auf Schulterhöhe. Durch die Schlauchführung auf Hüfthöhe kann der Löschwasserstrahl in alle Richtungen effizient abgegeben werden (Bild 22).

Bild 21: Schulterführung in stehender Position

Bild 22: Hüftführung in stehender Position

Beurteilung der Kriterien bei der Stehendposition mit Schlauchführung in Hüfthöhe

Truppkommunikation: gut

Fortbewegungsgeschwindigkeit: gut

Bewegungseinschränkung: gering

Manndeckung: gut

Angriffsfläche: groß

Absturz-/Sturzgefahr: groß

Bei klarer Sicht geht der Angriffstrupp in dieser Position – wie im Bild 22 dargestellt – zur Brandbekämpfung vor. Bei leichter Verrauchung kann auch in leicht gebeugter Stehendposition vorgegangen werden.

> **Merke:**
> Solange der Angriffstrupp eine klare Sicht hat, geht er zügig in der Stehendposition vor.

2.2.2 Knieendposition

Die Knieendposition, auch Seitenkriechgang genannt, wird unterschieden in die
- Knieendposition mit Schlauchführung in Schulterhöhe sowie
- Knieendposition mit Schlauchführung in Hüfthöhe.

Die Kommunikation innerhalb des Trupps ohne technische Hilfsmittel ist hier bereits erschwert. Ein einfaches Umdrehen des Strahlrohrführers ist nicht mehr so einfach möglich wie bei der Stehendposition. Die geringe Fortbewegungsgeschwindigkeit bietet den Vorteil einer geringeren Absturz-/Sturzgefahr. Die Manndeckung durch den Truppmann ist ebenfalls gut. Eine Bewegungseinschränkung ist hier bereits gegeben. Der Löschwasserstrahl kann in der Knieendposition primär nur nach vorne effizient abgegeben werden. Eine Löschwasserabgabe zur Seite bzw. nach hinten ist nur erschwert möglich.

Die Schlauchführung auf Schulterhöhe ist gut geeignet, um den Löschwasserstrahl nach »vorne-unten« abzugeben (Bild 23). Im Innenangriff ist diese Art der Schlauchführung ungeeignet, da insbesondere die Wasserabgabe nach »oben« nur erschwert durchführbar ist.

Beurteilung der Kriterien bei der Knieendposition mit Schlauchführung in Schulterhöhe

Truppkommunikation: mittel

Fortbewegungsgeschwindigkeit: gering

Bewegungseinschränkung: mittel

Manndeckung: gut

Angriffsfläche: mittel

Absturz-/Sturzgefahr: gering

Bild 23: Schulterführung in kniender Position

Die Schlauchführung auf Hüfthöhe bietet die gleichen Vor- und Nachteile wie die Schlauchführung auf Schulterhöhe. Durch die Schlauchführung auf Hüfthöhe kann der Löschwasserstrahl effektiv nach vorne und in begrenztem Maße zur Seite abgegeben werden (Bild 24).

Beurteilung der Kriterien bei der Knieendposition mit Schlauchführung in Hüfthöhe

Truppkommunikation: mittel

Fortbewegungsgeschwindigkeit: gering

Bewegungseinschränkung: mittel

Manndeckung: gut

Angriffsfläche: mittel

Absturz-/Sturzgefahr: gering

Bild 24:   Hüftführung in kniender Position
① In dieser Position ist das Hohlstrahlrohr in der Regel auf den schmalen Sprühstrahl eingestellt, um eine Kombination aus Wurf- und Schutzwirkung zu erreichen.
② Der Truppführer unterstützt.

Kritische Situationen im Innenangriff haben gezeigt, dass bei auftretenden Druckerhöhungen Trupps auch in der Knieendposition umgeworfen wurden.

2.2.3 Sitzendposition

Die Sitzendposition wird im Bereich von Treppen angewandt. Bewegt sich der Trupp treppenabwärts, so nimmt er die in Bild 25 dargestellte Position ein. Diese Position bietet im Wesentlichen die gleichen Vor- und Nachteile wie die Knieendposition. Die Kommunikation ist erschwert, die Fortbewegungsgeschwindigkeit ist gering wodurch eine geringe Absturz-/Sturzgefahr besteht, eine Bewegungseinschränkung ist gegeben. In dieser Position bietet der Truppmann eine große Angriffsfläche. Für den Truppführer ist eine mittlere Manndeckung gegeben.

In der Sitzendposition kann der Löschwasserstrahl problemlos nach »vorne-unten« abgegeben werden.

Bild 25:   Hüftführung in sitzender Position

① Das Körpergewicht liegt zum größten Teil auf dem angewinkelten Bein und dem Gesäß.

② Das vordere Bein testet die Tragfähigkeit der noch bevorstehenden Treppenstufen. Der Trupp bewegt sich stufenweise nach unten. Wichtig ist hierbei, dass der Trupp nicht auf dem Gesäß nach unten rutscht. Hierdurch wird unter Umständen das Flaschenventil sehr stark beansprucht.

③ Der Trupp bewegt sich entlang der Wand. Dies ist ein wichtiger Grundsatz, der für alle Positionen gilt!

④ Die einzige Möglichkeit, sich flach auf die Treppe zu legen, besteht darin, den Oberkörper durch eine Seitwärtsbewegung auf die Treppenstufe zu legen. Ein »Zurückfallenlassen« ist auf der Treppe nicht möglich.

Beurteilung der Kriterien bei der Sitzendposition mit Schlauchführung in Hüfthöhe

Truppkommunikation: mittel

Fortbewegungsgeschwindigkeit: gering

Bewegungseinschränkung: mittel

Manndeckung: mittel

Angriffsfläche: groß

Absturz-/Sturzgefahr: gering

> **Merke:**
> Der Trupp bewegt sich grundsätzlich entlang einer Wand.

2.2.4 Liegendposition

Die Liegendposition resultiert in der Regel aus einem Zurückfallenlassen aus der Knieendposition (Seitenkriechgang). Es handelt sich hierbei um eine reine Selbstschutzposition, die so selten wie möglich eingenommen werden sollte, da sie viele Nachteile hat.

Die Truppkommunikation ist extrem erschwert, die Fortbewegungsgeschwindigkeit ist äußerst gering wodurch allerdings eine sehr geringe Absturz-/Sturzgefahr besteht. Der Positionswechsel von der Knieendposition in die Liegendposition muss regelmäßig trainiert werden, um Verletzungen insbesondere im Ellenbogen- und Hüftbereich sowie technische Defekte am Flaschenventil zu vermeiden. Des Weiteren ist darauf zu achten, dass das Flaschenventil beim Positionswechsel nicht zu stark beansprucht wird. Oftmals kann auch beobachtet werden, dass das Hohlstrahlrohr beim Positionswechsel durch den Bediener unbeabsichtigt verstellt wird.

Durch die massive Bewegungseinschränkung ist nur eine effiziente Löschwasserabgabe nach »vorne-oben« möglich. Eine Manndeckung ist nur begrenzt gegeben (Bild 26).

Beurteilung der Kriterien bei der Liegendposition mit Schlauchführung in Hüfthöhe

Truppkommunikation: schwer

Fortbewegungsgeschwindigkeit: sehr gering

Bewegungseinschränkung: stark

Manndeckung: gering

Angriffsfläche: mittel

Absturz-/Sturzgefahr: sehr gering

Bild 26: Hüftführung in liegender Position

① Um das Flaschenventil zu schonen, lässt sich der Trupp seitlich zurückfallen.

② Da es sich bei dieser Position um eine reine Selbstschutzposition handelt, ist das Hohlstrahlrohr auf den breiten Sprühstrahl (ausschließlich Schutzwirkung) zu stellen.

2.2.5 Zusammenfassung

Oftmals werden beim Hohlstrahlrohrtraining nur die Knieendposition und die Liegendposition trainiert. Betrachtet man die jeweiligen Vor- und Nachteile dieser beiden Positionen, so kann festgehalten werden, dass insbesondere die Liegendposition so viele Nachteile mit sich bringt, dass die Einnahme dieser Position so gut wie möglich vermieden werden muss. Die räumlich begrenzte Abgabe des Löschwassers und insbesondere die sehr geringe Fortbewegungsgeschwindigkeit in Kombination mit der erschwerten Kommunikation führen dazu, dass der Trupp nur begrenzt handlungsfähig bleibt. Die derzeitige Lehrmeinung, dass diese Position in kritischen Situationen wie z. B. einer Rauchgasdurchzündung oder einer Stichflammenbildung eingenommen werden soll, ist grundsätzlich richtig, da es derzeit in einer solchen Situation keine anderen Handlungsalternativen gibt. Wichtig ist jedoch, die Schulungen nicht dahingehend zu manifestieren, dass die Heißausbildung schwerpunktmäßig auf das Verhalten in solchen kritischen Situationen eingeht, sondern Feuerwehrleute in die Lage versetzt werden, kritische Situationen erkennen und durch Rückzug aus dem Gefahrenbereich auch vermeiden zu können. Informationen hierzu finden Sie im Kapitel 4 »Die RWLFU-Analyse«.

3 Der Raumbrand

Der Brandverlauf in einem Raum wird von Faktoren beeinflusst, die dem vorgehenden Trupp in der Regel nicht bekannt sind. So haben z. B. die Raumgeometrie, die Raumgröße, die Größe und Anordnung der Zu- und Abluftöffnungen, der Ort und die Intensität der Zündquelle, die Art und Verteilung der Brandlast, der Zeitpunkt der Alarmierung nach Brandausbruch, der Zeitpunkt des Wirksamwerdens der Maßnahmen durch die Feuerwehr, das Verhalten Betroffener, die Qualität der Brandbekämpfung (Löschtaktik), die Gebäudehöhe (Windverhältnisse), die Isolation des Raumes bzw. des Gebäudes sowie die Art, die Menge und die Verteilung der brennbaren Stoffe Einfluss auf den Brandverlauf.

Grundsätzlich kann der Raumbrand in die
- brandlastgesteuerte Raumbrandphase und die
- ventilationsgesteuerte Raumbrandphase eingeteilt werden.

Die brandlastgesteuerte Raumbrandphase ist dadurch charakterisiert, dass die für die Verbrennung zur Verfügung stehende Brandlast den limitierenden Faktor darstellt und ausreichend Sauerstoff im Brandraum vorhanden ist. In der ventilationsgesteuerten Raumbrandphase ist der für die Verbrennung zur Verfügung stehende Sauerstoff der limitierende Faktor, d. h. dass die Öffnungsflächen des Brandraumes (Fenster, Tür, durchgebrannte Dachhaut usw.) für eine ausreichende Luftzufuhr zu klein sind. Dazu jedoch später mehr.

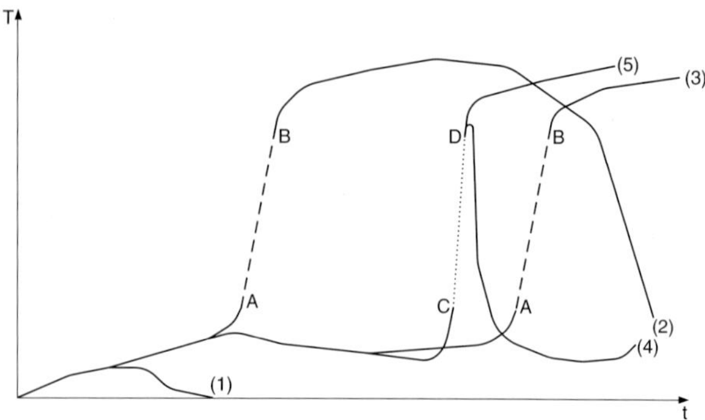

Bild 27: Die fünf Brandverlaufskurven

Im Bild 27 sind die wesentlichen Brandverlaufskurven dargestellt. Diese Brandverlaufskurven werden im weiteren Verlauf dieses Kapitels näher beschrieben, um als Ergebnis jeder Kurve eine Wahrscheinlichkeit zuzusprechen, um letztendlich daraus abzuleiten, mit welchen Brandverlaufskurven der Angriffstrupp am ehesten konfrontiert wird. Die im Bild 27 dargestellten Brandverlaufskurven zeigen die Brandraumtemperaturen in Abhängigkeit von der Zeit *ohne Löschmaßnahmen* durch die Feuerwehr.

3.1 Brandverlaufskurven

Die Vorgänge der im Bild 27 dargestellten Brandverlaufskurven werden nachstehend kurz beschrieben. Dargestellt sind die Brandverlaufskurven ohne Interventionsmaßnahmen durch die

Feuerwehr. Eine genauere Betrachtung der jeweiligen Vorgänge im Brandraum erfolgt im Kapitel 5.

Brandverlaufskurve (1) – Selbstverlöschung

Diese Brandverlaufskurve kennzeichnet den Verlauf eines Raumbrandes, bei dem sich das Initialfeuer zunächst entwickelt, aufgrund unzureichender Voraussetzungen für eine Verbrennung dann jedoch zurückentwickelt. Grundsätzlich entwickelt sich jedes Feuer bei ausreichender Zündenergie und vorhandenem Brennstoff, da im Brandraum selbst ein ausreichendes Angebot an Luftsauerstoff vorhanden ist. Dies gilt zunächst unabhängig von weiteren Zuluftöffnungen wie z. B. Türen oder Fenstern. Aus diesem Grund haben alle eingezeichneten Brandverlaufskurven zu Beginn die gleiche Brandentstehungsphase. Bei einem relativ dichten Brandraum ist das Luftsauerstoffangebot begrenzt. Mit zunehmender Brandentwicklung wird der Sauerstoffbedarf zur Aufrechterhaltung der Verbrennung größer. Das Sauerstoffangebot im Brandraum wird mit zunehmender Branddauer geringer, wodurch die Verbrennungsreaktion abnimmt. Das Feuer wird stetig kleiner. Die Brandraumtemperatur nimmt ab.

Brandverlaufskurve (2) – Brandlastgesteuerter Feuerübersprung

Diese Brandverlaufskurve kennzeichnet den Verlauf eines Raumbrandes, bei dem sich das Initialfeuer entwickelt bis die Brandraumtemperatur schließlich die Zündtemperatur der im Brandraum befindlichen brennbaren Gegenstände erreicht. Sobald die Zündtemperatur der brennbaren Gegenstände erreicht ist, geht der Brand in den Vollbrand über, da alle Gegenstände nahezu zeitgleich zu brennen beginnen. Dieser Vorgang, im Bild 27 mit der Linie A-B dargestellt, wird Feuerübersprung bzw. Flash-over genannt. Der Brand klingt dann aufgrund abnehmender Brandmasse ab.

Brandverlaufskurve (3) – Ventilationsgesteuerter Feuerübersprung

Diese Brandverlaufskurve kennzeichnet den Verlauf eines Raumbrandes, bei dem sich der Raumbrand zuerst entwickelt, dann aber aufgrund ungünstiger Ventilationsbedingungen (z. B. gekippte Türen und/oder Fenster) abklingt. Da das Sauerstoffangebot im Brandraum aufgrund der ungünstigen Ventilationsbedingungen mit zunehmender Branddauer sinkt, geht auch die Brandraumtemperatur zurück. Wird dem Brandraum nun Sauerstoff zugeführt, z. B. durch das Öffnen der Brandraumtür, so führt der Eintrag von Luftsauerstoff zu einer effizienteren Verbrennung und infolgedessen nimmt die Brandraumtemperatur wieder zu. Sobald die Zündtemperatur der brennbaren Gegenstände im Brandraum erreicht ist, geht der Brand in den Vollbrand über, da alle Gegenstände nahezu zeitgleich zu brennen beginnen. Dieser Vorgang, im Bild 27 mit der Linie A-B dargestellt, wird Feuerübersprung oder Flash-over genannt. Der Brand klingt dann aufgrund abnehmender Brandmasse ab (in der Grafik nicht dargestellt).

Brandverlaufskurve (4) – Rauchgasexplosion ohne Vollbrand

Diese Brandverlaufskurve kennzeichnet den Verlauf eines Raumbrandes, bei dem sich das Initialfeuer zuerst entwickelt, dann aber aufgrund ungünstiger Ventilationsbedingungen (z. B. geschlossene Türen und/oder Fenster) zurückentwickelt. Da das Sauerstoffangebot im Brandraum aufgrund der ungünstigen Ventilationsbedingungen sinkt, geht auch die Brandraumtemperatur zurück. Im Brandraum befinden sich unverbrannte Pyrolysegase einhergehend mit einem gegenüber den bisherigen betrachteten Brandverlaufskurven massiven Sauerstoffdefizit. Dieses Sauerstoffdefizit führt dazu, dass das Feuer nahezu erlischt. Wird dem Brandraum nun durch das Öffnen einer Tür oder eines Fensters Sauerstoff zugeführt, so vermischen sich die unverbrannten Pyrolyseprodukte mit dem Sauerstoff. Erreicht der zugeführte Sauerstoff die Zündquelle (z. B. ein Glutnest), so kommt es zu einer explosionsartigen Verbrennung der im Brandraum vorherrschenden Atmosphäre. Dieser Vorgang, im Bild 27 mit der Linie C-D dargestellt, wird Rauchgasexplosion oder Backdraft genannt. Die bei dieser explosionsartigen Verbrennung freiwerdende Energie reicht jedoch nicht aus, alle im Brandraum befindlichen Gegenstände in Brand zu setzen, sodass die Folge ein sich entwickelnder Brand ist.

Brandverlaufskurve (5) – Rauchgasexplosion mit Vollbrand

Diese Brandverlaufskurve kennzeichnet den Verlauf eines Raumbrandes, bei dem sich das Initialfeuer zuerst entwickelt, dann aber aufgrund ungünstiger Ventilationsbedingungen (z. B. geschlossene Türen und/oder Fenster) zurückgeht. Da das Sauerstoffangebot im Brandraum aufgrund der ungünstigen Ventilationsbedingungen sinkt, geht auch die Brandraumtemperatur zurück. Im Brandraum befinden sich unverbrannte Pyrolysegase einhergehend mit einem massiven Sauerstoffdefizit. Dieses Sauerstoffdefizit führt dazu, dass das Feuer nahezu erlischt. Wird dem Brandraum nun durch das Öffnen einer Tür oder eines Fensters Sauerstoff zugeführt, so vermischen sich die unverbrannten Gase mit dem Sauerstoff. Erreicht der zugeführte Sauerstoff die Zündquelle (z. B. ein Glutnest), so kommt es zu einer explosionsartigen Verbrennung der im Brandraum vorherrschenden Atmosphäre. Dieser Vorgang, im Bild 27 mit der Linie C-D dargestellt, wird Rauchgasexplosion oder Backdraft genannt. Die bei dieser explosionsartigen Verbrennung freiwerdende Energie setzt die im Brandraum befindlichen Gegenstände in Brand, sodass die Folge ein Vollbrand ist.

3.2 Wahrscheinlichkeitsbetrachtung

Wie wahrscheinlich ist es nun, dass der vorgehende Angriffstrupp mit einem der dargestellten Brandverläufe konfrontiert wird? Die Erfahrung sowie zahlreiche Einsatzberichte in den Fachzeitschriften helfen, im Rahmen einer empirischen Betrachtung auf diese Frage eine Antwort zu geben (Tabelle 9).

Tabelle 9: Wahrscheinlichkeitsbetrachtung nach Brandverlaufskurven

Brandverlaufskurve	Benennung der Brandverlaufskurve	Wahrscheinlichkeit
Brandverlaufskurve 1	Selbstverlöschung	unwahrscheinlich
Brandverlaufskurve 2	Brandlastgesteuerter Feuerübersprung	sehr wahrscheinlich
Brandverlaufskurve 3	Ventilationsgesteuerter Feuerübersprung	sehr wahrscheinlich
Brandverlaufskurve 4	Rauchgasexplosion ohne Vollbrand	sehr unwahrscheinlich
Brandverlaufskurve 5	Rauchgasexplosion mit Vollbrand	sehr unwahrscheinlich

Da in Wohngebäuden – insbesondere in Altbauten – die Türen oft nicht dichtschließend sind, ist das Auftreten einer Rauchgasexplosion sehr unwahrscheinlich. Zudem stehen in der Regel die meisten Türen in einer Wohnung offen.

4 Die RWLFU-Analyse

Die RWLFU-Analyse dient zum einen den im Innenangriff vorgehenden Einsatzkräften zur Gefährdungsabschätzung der Lage und zum anderen den Einheitsführern bzw. Einsatzleitern bei der Beurteilung der Lage von außen. **RWLFU** steht für **R**auch, **W**ärme, **L**uft, **F**lamme und **U**mfeld. Nachstehend werden diese fünf Beurteilungsindikatoren näher beschrieben.

Eine entscheidende Voraussetzung für einen sicheren Innenangriff ist das Zusammenführen der wichtigsten Informationen der RWLFU-Analyse des vorgehenden Trupps und des Einheitsführers. So steht auch der Einheitsführer in der Verpflichtung, die Trupps im Innenangriff über die wesentlichen Ergebnisse der RWLFU-Analyse im Rahmen der Erkundung des Objekts von außen zu informieren (Bilder 28a und b).

Im Rahmen dieser Publikation wird ausschließlich auf die RWLFU-Analyse für den Trupp im Innenangriff eingegangen. Die Beschreibung der RWLFU-Analyse für die Ebene der Einheitsführer bzw. Einsatzleiter würde den Rahmen dieses Roten Heftes sprengen. Aufgrund der Tatsache, dass der vorgehende Trupp bei einem Wohnungsbrand wegen der physischen und psychischen Belastung nur begrenzt Informationen wahrnehmen und verarbeiten kann, bedarf es einer scharfen Abgrenzung der für die Beurteilung wesentlichen von den unwesentlichen Indikatoren. Nachstehend werden die wesentlichen Beurteilungskriterien be-

Bild 28a: Vorder- und Seitenansicht beim Eintreffen an der Einsatzstelle

Bild 28b: Rückansicht, die dem Angriffstrupp verborgen blieb

nannt und beschrieben. In einem späteren Kapitel werden die für den Innenangriff wichtigsten Indikatoren der RWLFU-Analyse den Brandverlaufskurven zugeordnet und damit der unmittelbare Praxisbezug hergestellt.

4.1 Rauch

Rauch ist ein Aerosol von Gasen, Wassertröpfchen und Rußpartikeln in feinst verteilter Form, welches durch Verbrennungsprozesse entsteht. Rauch ist somit ein aus brennbaren Pyrolyseprodukten bestehendes Aerosol. Zudem kann Rauch ein wesentlicher Wärmestrahler sein. Im Rahmen der RWLFU-Analyse bietet der Rauch die meisten Beurteilungsindikatoren. So wäre es durchaus möglich, die Rauchdichte, die Rauchtemperatur, das Rauchvolumen, die Rauchaustrittsstelle(n), die Rauchströmungsrichtung, die Rauchströmungsgeschwindigkeit, die Höhe der Rauchschicht, die räumliche Verteilung des Rauches, das Rauchpulsationsverhalten und die Rauchfarbe zu beurteilen. Spätestens an dieser Stelle wird klar, dass unter Stress eine möglichst schnelle und sichere Beurteilung der Gefährdungslage anhand derart vieler Indikatoren nicht möglich ist. Es stellt sich nun die Frage, welche dieser Indikatoren für eine effiziente Beurteilung der Lage geeignet sind, insbesondere unter der Erwartung, dass auch unerfahrene Feuerwehreinsatzkräfte in die Lage versetzt werden, eine situationsgerechte Beurteilung vornehmen zu können.

Von den zehn genannten Beurteilungsindikatoren für Rauch sind nach Auffassung des Autors die nachstehenden drei Indikatoren die Wesentlichen:
- Rauchdichte,
- Rauchtemperatur und
- Rauchvolumen.

Die Rauchdichte ist aus zwei Gründen von wesentlicher Bedeutung. Zum einen nimmt mit zunehmender Dichte die Masse an unverbrannten Pyrolyseprodukten zu und zum anderen wird mit zunehmender Dichte die Wahrnehmung des Umfelds erheblich erschwert. Rückzugswege, Stolperstellen, Fenster, Türen zu benachbarten Räumen, Absturzstellen, Flammenschein und beispielsweise auch die Raumnutzung (Küche, Esszimmer, Kinderzimmer, Schlafzimmer usw.) können nur erschwert oder gar nicht wahrgenommen werden. Somit bewegt sich der vorgehende Trupp im ungünstigsten Fall in einem ihm völlig unbekannten System. Die Fortbewegungsgeschwindigkeit des Angriffstrupps bzw. des Sicherheitstrupps nimmt mit zunehmender Rauchdichte ab. Rettungs- bzw. Selbstrettungsmaßnahmen sind mit zunehmender Rauchdichte mit einem höheren Zeitaufwand verbunden.

Die Rauchtemperatur ist anhand der räumlichen Verteilung des Rauches zu erkennen. Heißer Rauch breitet sich unmittelbar unter der Decke aus. Dieser Rauch ist ein effektiver Wärmestrahler, der sämtliche Oberflächen, mit denen er in Berührung kommt, thermisch aufbereitet. Die Temperatur des Rauches kann derart hoch sein, dass die Zündtemperatur von brennbaren Gegenständen, die in den Rauch eintauchen bzw. sich in unmittelbarer Nähe zum Rauch befinden, erreicht wird. Kalter Rauch sinkt in Richtung Boden und verteilt sich in der Regel homogen im Raum bzw. in der Wohnung.

Das Rauchvolumen hat bei einer Rauchgasdurchzündung wesentlichen Einfluss auf das Druckabbauverhalten. Je mehr Rauch vorhanden ist, desto wahrscheinlicher ist es, dass der Druckabbau im Rahmen einer Durchzündung umso länger andauern wird. Dies bedeutet für den vorgehenden Trupp, dass er diesen Druckabbau über sich ergehen lassen muss. Nehmen wir beispielsweise an, dass eine Wohnung mit 90 m² Grundfläche und einer Deckenhöhe von 2,70 m bei offen stehenden Türen zu 80 Prozent verraucht ist.

Hieraus errechnet sich ein Rauchvolumen von rund 194 m³. Anhand dieser einfachen Rechnung ist es leicht nachvollziehbar, dass in manchen Einsatzberichten die eindrucksvolle Schilderung von Stichflammen zu entnehmen ist, die aufgrund einer Rauchgasdurchzündung mehrere Sekunden lang im Fenster- und/oder Türbereich sichtbar wurden. Gase dehnen sich bei Erwärmung aus. Bei einer Rauchgasdurchzündung steigt die Brandrauchtemperatur, sodass das Rauchvolumen nochmals zunimmt. Diese Volumenausdehnung kann zur Folge haben, dass sich der Brandrauch sehr schnell in andere Geschosse ausbreitet. Ist die Rauchtemperatur hoch genug, kann es so zu weiteren Initialfeuern in nicht direkt vom Brand betroffenen Geschossen kommen.

Eine geschaffene Rauch- und Wärmeabzugsöffnung ist auf ihre Effektivität hin zu überprüfen. Entsteht durch das Feuer mehr Rauch als durch die geschaffenen Öffnungen abziehen kann, wird die Verrauchung im Gebäude weiter zunehmen (siehe auch Bild 28b)!

Heller Rauch kennzeichnet in der Regel eine brandlastgesteuerte Brandphase (Brandentstehung), dunkler Rauch eine ventilationsgesteuerte Brandphase (fortentwickelter Brand). Das Rauchvolumen nimmt bei der Frage des taktischen Vorgehens bei der Brandbekämpfung im Innenangriff eine Sonderrolle ein, die im nachstehenden Kapitel beschrieben wird.

4.2 Wärme

Wärme resultiert aus ungeordneter Molekülbewegung. Um die Temperatur eines Körpers zu erhöhen, ist Wärmeenergie notwendig. Je mehr Wärmeenergie übertragen wird, desto größer ist die Bewegungsenergie der Moleküle und daraus resultierend die Temperatur der betrachteten Materie. Wärme kann auf drei Arten übertragen werden: Wärmekonvektion, Wärmeleitung und Wärmestrahlung. Die Beurteilungsindikatoren für Wärme sind z. B. das Schmelzverhalten, das Verformungsverhalten und das Verkohlungsverhalten betroffener Baustoffe/Bauteile, das Verdampfungsverhalten des applizierten Löschwassers und das Ausgasungsverhalten der betroffenen Räume. Da das Brandverhalten von Baustoffen und Bauteilen im Rahmen der Grundausbildung behandelt wurde, wird der Schwerpunkt der Betrachtung auf das Verdampfungsverhalten des Löschwassers und das Ausgasungsverhalten des Brandraumes gelegt.

In der Annahme, dass der Strahlrohrführer das Löschwasser in Richtung Raumdecke appliziert, werden hinsichtlich des Ver-

dampfungsverhaltens des Löschwassers drei Szenarien unterschieden: Das Löschwasser
- verdampft nicht unterhalb der Decke,
- verdampft (teilweise) unterhalb der Decke,
- verdampft direkt an der Düse des Hohlstrahlrohres.

Sollte das Löschwasser unterhalb der Decke nicht verdampfen, so beträgt die Temperatur hier weniger als 100 °C. Verdampft das Löschwasser (teilweise) unterhalb der Decke, so beträgt die Temperatur dort mehr als 100 °C. Bei kritischen Wohnungsbränden kann es durchaus auch vorkommen, dass das applizierte Löschwasser direkt an der Düse des Hohlstrahlrohres verdampft. Da sich der Trupp bei einem solchen Szenario in tiefer Gangart fortbewegt, das Hohlstrahlrohr also eher in Bodennähe eingesetzt wird und in dieser Höhe die Brandraumtemperatur bereits mehr als 100 °C beträgt, muss davon ausgegangen werden, dass unterhalb der Decke extreme Temperaturen vorherrschen. Verdampft das Löschwasser unmittelbar an der Düse des Hohlstrahlrohres, ist dies ein Rückzugsindikator! Der Trupp befindet sich in einer nicht kontrollierbaren Lage.

Das Ausgasungsverhalten der betroffenen Räume stellt nach Auffassung des Autors einen der wichtigsten Beurteilungsindikatoren dar. Das Ausgasungsverhalten des Brandraumes wird maßgeblich von der Brandrauchtemperatur und vom Brandrauchvolumen beeinflusst. Mit zunehmender Branddauer nimmt sowohl die Brandrauchtemperatur als auch das Brandrauchvolumen stetig zu. Da sich der Brandrauch zuerst horizontal unterhalb der Decke und dann vertikal ausbreitet, wird der Abstand zum Fußboden kontinuierlich geringer, was zur Folge hat, dass der Brandrauch den Brandraum in der gesamten Fläche thermisch aufbereitet. Trotz geplatzter oder geöffneter Fensterscheibe(n) ist es möglich, dass das Rauchvolumen im Brandraum weiter zunimmt. Die beschriebene flächige thermische Aufbereitung des Brandraumes führt schließlich zum Ausgasen von im Brandraum befindlichem Mobiliar, da dessen Oberflächen mit hinreichender Wärmestrahlung beaufschlagt werden. Ein Rückzugsindikator ist das Ausgasungsverhalten von bodennahem, vom Feuer weiter entferntem Mobiliar (z. B. Sideboard, Tisch oder Couch)!

Nähert sich die heiße Rauchschicht dem Fußboden, kann dies bei ausreichender Brandrauchtemperatur zu einem flächigen Ausgasen des Bodenbelages führen. Ein ausgasender Fußboden ist ein sofortiger Rückzugsindikator! Der Raum steht unmittelbar vor dem Feuerübersprung!

4.3 Luft

Als Luft bezeichnet man das Gasgemisch der Erdatmosphäre. Luft besteht hauptsächlich aus den Gasen Stickstoff (ca. 78 %) und Sauerstoff (ca. 21 %). Der für die Verbrennung zur Verfügung stehende, in der Luft enthaltene Sauerstoff hat einen wesentlichen Einfluss auf die Verbrennungs- bzw. Reaktionsgeschwindigkeit. Je größer das Sauerstoffangebot im Brandraum ist, desto effizienter ist die Verbrennung, desto höher ist die Verbrennungstemperatur, desto höher ist die Brandraumtemperatur. Hinsichtlich der Beurteilung des Indikators Luft gibt es drei mögliche Beurteilungsindikatoren: Strömungsrichtung, Strömungsgeschwindigkeit und Strömungsgeräusche.

Die Beurteilung des Indikators Luft ist in dreierlei Hinsicht äußerst schwierig:

1. Da der Raumbrand grundsätzlich Sauerstoff benötigt, wird in der Regel eine mehr oder weniger deutliche Luftströmung in Richtung Feuer zu erkennen sein. Die Strömungsgeschwindigkeit ist u. a. davon abhängig, in welcher Brandphase sich der Raumbrand befindet.
2. Sollte keine wesentliche Luftströmung in Richtung Feuer zu erkennen sein, bedeutet dies nicht unbedingt, dass sich der Brand in der brandlastgesteuerten Phase befindet, sondern dass der Raumbrand den Luftsauerstoff durch eine andere Öffnung bezieht.
3. Es wird viel Hintergrundwissen und Erfahrung benötigt, um anhand der Strömungsrichtung und -geschwindigkeit die Raumbrandphase abschätzen zu können. Diesbezügliche Schulungen sind in der Theorie und Praxis unmöglich und können somit in der Fläche nicht geleistet werden.

Fazit: Der Beurteilungsindikator »Luft« ist im Einsatz im Rahmen der RWLFU-Analyse nur sehr schwer oder gar nicht zu beurteilen.

4.4 Flamme

Die Flamme kennzeichnet einen Bereich, bestehend aus brennenden Gasen oder Dämpfen, von dem sichtbare Strahlung ausgeht. Das für den Menschen sichtbare Spektrum beginnt im ultravioletten Bereich bei 380 nm und endet im infraroten Bereich bei

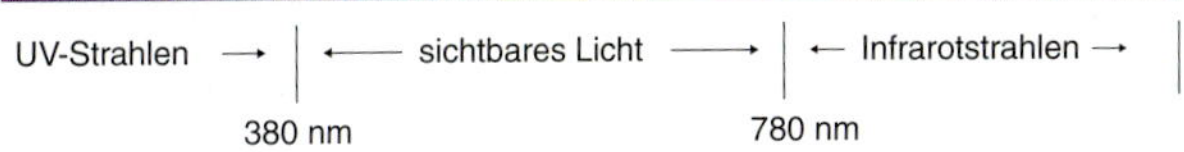

Bild 29: Das für den Menschen sichtbare Spektrum (Licht)

780 nm (Bild 29). Zur Gesamtbeurteilung der Lage liefert die Flamme die drei Beurteilungsindikatoren

- Flammenfarbe,
- Flammenvolumen und
- räumliche Verteilung der Flamme.

Die Flammenfarbe gibt sehr schnell Auskunft darüber, ob sich der Raumbrand in der brandlast- oder ventilationsgesteuerten Phase befindet. Betrachten wir aber zunächst zum besseren Verständnis das für den Menschen sichtbare Spektrum (siehe auch Bild 29).

Je kurzwelliger die Frequenz ist, d.h. je weiter links wir uns auf dem dargestellten Spektrum befinden, desto energiereicher ist die Strahlung. Je langwelliger die Frequenz ist, d.h. je weiter rechts wir uns auf dem dargestellten elektromagnetischen Spektrum befinden, desto energieärmer ist die Strahlung. In Bezug auf das Sauerstoffangebot im Brandraum bedeutet dies: Je mehr Sauerstoff dem Brand zur Verfügung steht, desto effizienter ist die Verbrennung, desto energiereicher ist die Strahlung, desto gelber ist die Flamme. Je weniger Sauerstoff dem Brand zur Verfügung steht, desto ineffizienter ist die Verbrennung, desto energieärmer ist die Strahlung, desto rötlicher ist die Flamme. Befindet sich der Raumbrand also in der brandlastgesteuerten Phase (es steht ausreichend Sauerstoff für die Verbrennung zur Verfügung), werden eher gelbliche Flammen zu erkennen sein. Befindet sich der Raumbrand hingegen in der ventilationsgesteuerten Phase (der Sauerstoff ist der limitierende Faktor), werden eher rötliche Flammen zu erkennen sein.

Das Flammenvolumen bietet gleichfalls die Möglichkeit einer Einschätzung, wie viel Wärme freigesetzt wird. Eine kleine Flamme gibt wenig Energie ab, eine große Flamme gibt viel Energie ab. In der Praxis konnte der Autor immer wieder feststellen, dass die Wärmefreisetzung vorgefundener Flammenvolumina – insbesondere aufgrund der guten Schutzwirkung getragener Schutzkleidung – oft sehr unterschätzt wurde. Um hier Abhilfe zu schaffen, wird eine sehr vereinfachte Kategorisierung der Flammenhöhe als Beurteilungshilfe angeboten. Da die »Flammenhöhe« mit einer gewissen »Flammenbreite« korreliert, ergibt sich daraus ein Flammenvolumen:

- Flammenhöhe = 1/3 der Raumhöhe: Es wird mäßig Energie freigesetzt (vergleiche Lagerfeuer).
- Flammenhöhe = 2/3 der Raumhöhe: Es wird viel Energie freigesetzt.
- Flammenhöhe = Raumhöhe: Es wird sehr viel Energie freigesetzt.

Hinsichtlich des Beurteilungskriteriums der räumlichen Verteilung der Flamme gilt es zu erkennen, ob die Flamme örtlich begrenzt, d. h. noch ausschließlich an der Brandausbruchstelle vorgefunden wird. Bemerkt der vorgehende Trupp, dass auch in anderen Raumbereichen abseits der Brandausbruchstelle Flammen bzw. Flammenschein zu sehen sind, ist dies ein sofortiges Rückzugskriterium! Der Raum steht kurz vor dem Feuerübersprung!

4.5 Umfeld

Unter Umfeld wird im Rahmen dieses Roten Heftes ausschließlich das bauliche Objekt verstanden, welches im Rahmen der Brandbekämpfung durch die Feuerwehr begangen werden muss. Für ein sicheres Arbeiten im Innenangriff empfiehlt der Autor dem vorgehenden Trupp sehr bewusst nachstehende Informationen wahrzunehmen.

- Außenerkundung:
  - Geschossigkeit (vom Brand betroffenes Geschoss),
  - Bauweise.
- Innenerkundung:
  - Baustoffe/Bauteile,
  - Eindringtiefe in das Objekt.

In der Praxis bedeutet dies, dass der vorgehende Trupp einen kurzen Moment vor dem Objekt stehen bleibt und ganz bewusst die Informationen zur Geschossigkeit und zur Bauweise wahrnimmt. Zudem bietet dieser kurze Moment die Möglichkeit, die Rauch- und Flammensituation zu beurteilen. Das bewusste Wahrnehmen der Geschossigkeit ist aus zweierlei Hinsicht wichtig: Mit zunehmender Einsatzhöhe reduzieren sich die technischen Varianten der Anleiterbereitschaft bis schließlich eine Grenze erreicht ist, bei der keine Anleiterbereitschaft mehr durchführbar ist. Die Tabelle 10 enthält die Vor- und Nachteile der technischen Varianten der Anleiterbereitschaft.

Ab dem 8. Obergeschoss ist eine Anleiterbereitschaft in der Regel nicht mehr durchführbar. Umso mehr muss der Trupp bei Brandraumwohnungen, bei denen eine Anleiterbereitschaft nicht

Tabelle 10: Technische Varianten der Anleiterbereitschaft

	Steckleiter	Schiebleiter	Drehleiter
Rettungshöhe	bis 2. OG	bis 3. OG	bis 7. OG
Raumbedarf	gering	mittel	hoch
Standortanforderungen	gering	mittel	hoch
Flexibilität	hoch	mittel	gering
Personaleinsatz	gering	hoch	gering
Ausfallsicherheit	hoch	hoch	hoch
Schulungsaufwand	gering	mittel	hoch
Bedienungssicherheit	hoch	mittel	gering bis hoch
Begehungsplattform	nicht vorhanden	nicht vorhanden	in der Regel Korb
Rüstzeit	gering bis mittel	mittel bis hoch	gering bis hoch

(mehr) durchführbar ist, besonderes Augenmerk auf ein sicheres Arbeiten legen, mit dem Anspruch der kontinuierlichen Nutzbarkeit des baulichen Rückzugsweges.

Mit zunehmender Einsatzhöhe muss auch damit gerechnet werden, dass trotz in Bodennähe herrschender Windstille mit zunehmender Entfernung vom Boden Winddrücke vorherrschen, die einen wesentlichen Einfluss auf die Branddynamik haben (siehe Bild 30).

Ein eventuell vorherrschender Winddruck kann nicht nur den Brandverlauf erheblich beeinflussen, sondern auch die Arbeitsbedingungen für den Trupp im Innenangriff ungünstig gestalten. Folgende Beispiele sollen dies verdeutlichen:

Bild 30: Hochhaus mit beispielhaftem Verlauf des Winddrucks über die Gebäudehöhe

– Das Öffnen eines Fensters führt unter Umständen zu keiner effizienten Rauch- und Wärmeabzugsöffnung.
– Das Öffnen der verschlossenen Brandraumtür kann zu einem schlagartigen Verrauchen der kompletten Etage führen.
– Bedingt durch geöffnete oder geborstene Fenster oder Balkontüren kann sich der Brand äußerst schnell entwickeln. Der Trupp muss damit rechnen, dass der Feuerübersprung »früher« eintritt.
– Die Brandraumtemperatur kann extrem hoch sein.

Der Begriff der Bauweise beschreibt im Allgemeinen die Art und Weise, in der Objekte zusammengesetzt werden. Unterschieden wird dabei die offene von der geschlossenen Bauweise. Unter offener Bauweise wird die Bebauung von Grundstücken mit freistehenden Gebäuden, die zur Grundstücksgrenze eine Abstandsfläche einhalten, verstanden. Die geschlossene Bauweise hingegen ist die Art der Bebauung, bei der die Gebäude giebelseitig an der seitlichen Grundstücksgrenze aneinander gebaut werden und eine geschlossene Straßenrandbebauung bilden.

Warum ist diese Unterscheidung für den vorgehenden Trupp wichtig? Die Antwort wird in Kapitel 6.1 »Sicherheitsbereich« in ausführlicher Form gegeben. An dieser Stelle soll lediglich festgestellt werden, dass durch die vorgefundene Bauweise in Kombination mit der Einsatzhöhe Handlungsmöglichkeiten der Anleiterbereitschaft geschaffen bzw. eingegrenzt werden oder aber gänzlich entfallen.

4.6 Zusammenfassung

Die RWLFU-Analyse ist ein gutes Hilfsmittel für eine Gefährdungsbeurteilung im Innenangriff. Um eine schnelle Beurteilung vornehmen zu können, müssen die oben genannten Kriterien auf die wesentlichen und vor allem schnell erfassbaren Kriterien reduziert werden. Daher empfiehlt der Autor die RWLFU-Analyse für den Innenangriff auf die RWF-Analyse zu vereinfachen. Die für den Innenangriff wesentlichsten Beurteilungskriterien werden in der Tabelle 11 nochmals zusammengefasst.

Tabelle 11: Die wesentlichen Beurteilungskriterien der RWLFU-Analyse

RWLFU	Beurteilungskriterium	Anmerkungen
Rauch	– Rauchdichte – Rauchvolumen – Rauchtemperatur	Der Rauch ist in der Regel das erste erfassbare Beurteilungskriterium. Daher sollte die RWF-Analyse in dieser Reihenfolge verinnerlicht werden.
Wärme	– Verdampfungsverhalten des Löschwassers – Ausgasungsverhalten des Brandraumes	Aufgrund der immer besser wirkenden Schutzkleidung liefern diese beiden Kriterien wichtige Informationen.
Flamme	– Flammenvolumen – räumliche Verteilung der Flammen	Flammen sind bei Raumbränden in der Regel bis zum Feuerübersprung örtlich begrenzt. Daher zwei wichtige Kriterien.

Die RWF-Analyse bietet zudem klare Rückzugsindikatoren, wie:
- schlagartiges Verdampfen des Löschwassers direkt am Hohlstrahlrohr,
- Ausgasen von in Bodennähe befindlichen Gegenständen,
- ausgasender Fußboden sowie
- zunehmende Verrauchung trotz massiver Rauchabführung durch Abluftöffnung.

Darüber hinaus gibt es noch zwei Indikatoren, die bisher noch nicht angesprochen wurden. Zum einen sollte sich der Trupp zurückziehen, wenn er kontinuierlich Löschwasser abgibt, sich die Situation aber nicht verbessert und zum anderen sollte er auf sein »Bauchgefühl« hören. Signalisiert das Bauchgefühl einen Rückzug, so könnte dies der wichtigste Indikator sein.

4.7 Die RWF-Analyse in der Praxis – Brandverlaufskurven

In diesem Kapitel werden die beiden häufigsten Brandverlaufskurven (Selbstverlöschung und Feuerübersprung) dargestellt. Zur Visualisierung der Brandraumzustände sind die nachstehenden Bilder in der Egoperspektive gezeichnet und zeigen den Blick auf den Brandraum. Die Wand des Brandraumes ist transparent dargestellt, damit die RWF-Entwicklung im Brandraum verfolgt werden kann. Bei offen stehender Brandraumtür erhält der Leser zudem die Möglichkeit, durch den eigentlichen Blick in den Brandraum den Raumzustand zu beurteilen.

Zu jeder der nachfolgend dargestellten Brandverlaufskurven wird die RWF-Analyse kurz durchgeführt.

4.7.1 Brandverlauf Selbstverlöschung

Zunächst sei darauf hingewiesen, dass mit »Selbstverlöschung« nicht gemeint ist, dass das Feuer von alleine ausgeht, sondern dass es sich mit der Zeit zurückentwickelt. Voraussetzung für einen selbstverlöschenden Brandverlauf ist ein relativ dichter Raum. Bei dem in den Bildern 31a bis 31d dargestellten Brandraum sind daher das Fenster und die Brandraumtür geschlossen. Das Bild 31a zeigt die Brandentstehung in einem geschlossenen Raum beim Brandverlauf »Selbstverlöschung«. Die RWF-Analyse ergibt hier Folgendes:

Bild 31a: Brandentstehung im geschlossenen Raum (Grafik: Angelika Kramer)

Bild 31b: Frühe Phase der Brandentwicklung im geschlossenen Raum (Grafik: Angelika Kramer)

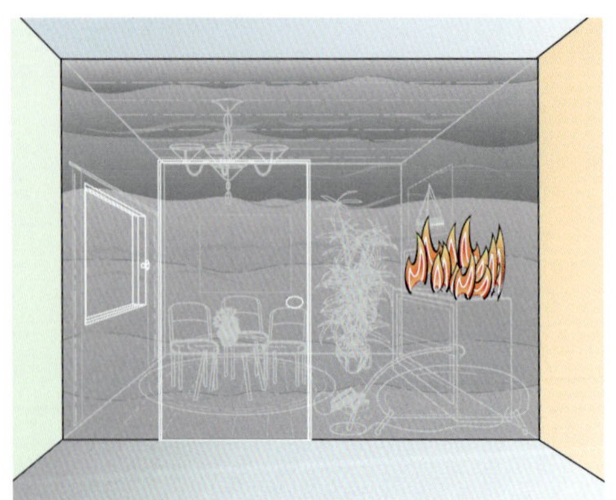

Bild 31c: Spätere Phase der Brandentwicklung im geschlossenen Raum (Grafik: Angelika Kramer)

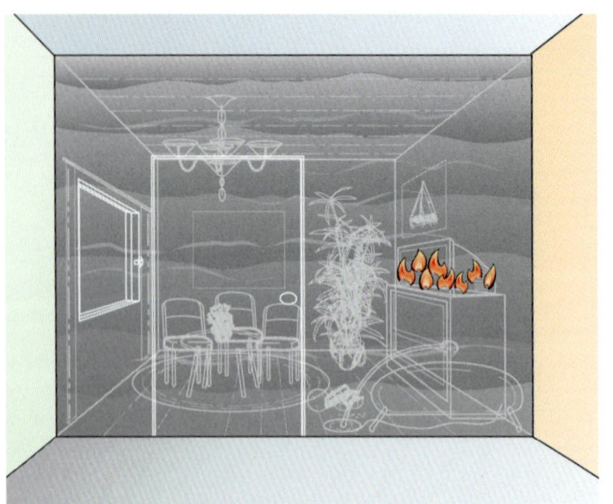

Bild 31d: Sauerstoffdefizit in der späteren Brandphase im geschlossenen Raum (Grafik: Angelika Kramer)

- R-Analyse: Die geringe Rauchdichte und das geringe Rauchvolumen stellen kein hohes Risiko dar. Die Rauchtemperatur ist gering.
- W-Analyse: Die Wärmefreisetzung ist begrenzt. Es wird mäßig Wärme frei.
- F-Analyse: Die Flammen sind örtlich begrenzt. Das Flammenvolumen ist gering.
- Beurteilung: Der Raumzustand ist unkritisch.

Aufgrund des noch vorhandenen Sauerstoffangebotes im Brandraum entwickelt sich das Feuer (Bild 31b). Die RWF-Analyse ergibt Folgendes:
- R-Analyse: Die Rauchdichte nimmt zu. Die Sichtverhältnisse werden aufgrund des zunehmenden Rauchvolumens schlechter.
- W-Analyse: Es wird mäßig Energie abgegeben. Es gasen nur die flammennahen Gegenstände aus.
- F-Analyse: Die Flammen sind örtlich begrenzt, das Flammenvolumen ist gering.
- Beurteilung: Der Raumzustand ist unkritisch.

Das Angebot an Luftsauerstoff wird nun zunehmend geringer. Das Feuer entwickelt sich zurück (Bild 31c). Die RWF-Analyse ergibt:
- R-Analyse: Die Rauchdichte und das Rauchvolumen nehmen zu. Die Rauchtemperatur ist eher mäßig.
- W-Analyse: Es gasen nur die flammennahen Gegenstände aus. Die Energiefreisetzung ist eher gering.
- F-Analyse: Die Flammen sind örtlich begrenzt. Das Flammenvolumen ist gering.

– Beurteilung: Der Raumzustand ist unkritisch.

Durch das immer größer werdende Missverhältnis zwischen be-
nötigtem und angebotenem Sauerstoff entwickelt sich das Feuer
weiter zurück (Bild 31d). Die RWF-Analyse ergibt Folgendes:
– R-Analyse: Die Rauchdichte und das Rauchvolumen nehmen
  weiterhin zu. Die Rauchtemperatur ist eher mäßig.
– W-Analyse: Es gasen nur die unmittelbar flammennahen Gegenstände aus. Es wird wenig Energie freigesetzt.
– F-Analyse: Die Flammen sind örtlich begrenzt. Das Flammenvolumen geht zurück.
– Beurteilung: Der Raumzustand ist unkritisch.

Das Öffnen der Brandraumtür – egal bei welchem Raumzustand
– erhöht das Sauerstoffangebot, wodurch sich der Brand entwickeln wird. Die Brandbekämpfung kann in dieser Situation in der
Regel ohne größere Schwierigkeiten aufgenommen werden.

4.7.2 Brandverlauf Feuerübersprung

Voraussetzung für einen Brandverlauf mit Feuerübersprung ist das
Erreichen der Zündtemperatur der im Brandraum befindlichen
brennbaren Gegenstände. Dies wiederum ist nur möglich, wenn
das Feuer ausreichend Luftsauerstoff erhält, sich dadurch stetig
entwickelt und somit die Brandraumtemperatur steigt. Aus diesem Grund muss entweder die Brandraumtür oder das Fenster geöffnet sein. Ist dies nicht der Fall, so ist der Ablauf der selbstverlöschenden Brandverlaufskurve wahrscheinlicher. Im folgenden
Beispiel steht die Brandraumtür offen. Die Brandentstehung ist
analog zum Bild 31a, das Bild 32a stellt die frühe Phase der Brand-

entwicklung bei ausreichender Sauerstoffzufuhr dar. Die RWF-Analyse ergibt hier Folgendes:

- R-Analyse: Das Rauchvolumen ist gering. Der Flur füllt sich mit Rauch. Die Rauchdichte ist ebenso wie die Rauchtemperatur gering.
- W-Analyse: Es gasen lediglich die flammennahen Gegenstände aus. Es wird wenig Energie freigesetzt.
- F-Analyse: Die Flammen sind örtlich begrenzt, das Flammenvolumen ist gering.
- Beurteilung: Der Raumzustand ist unkritisch.

Aufgrund der offen stehenden Tür steht dem Feuer ausreichend Sauerstoff zur Verfügung. Der Brand entwickelt sich weiter (Bild 32b). Die RWF-Analyse ergibt Folgendes:

- R-Analyse: Das Rauchvolumen nimmt zu, der Rauch ist thermisch aufbereitet. Die Rauchdichte hat soweit zugenommen, dass die Sichtverhältnisse eingeschränkt sind.
- W-Analyse: Es wird sehr viel Wärme freigesetzt. Unter Umständen gasen nicht nur flammennahe Gegenstände aus. Wasser verdampft beim Eintrag in den Raum.
- F-Analyse: Das Flammenvolumen ist groß, die Flammen sind örtlich begrenzt.
- Beurteilung: Der Brandraum ist kritisch. Es muss mit einer Durchzündung gerechnet werden.

Die Brandraumtemperatur hat die Zündtemperatur der im Brandraum befindlichen Gegenstände noch nicht erreicht, sie nimmt jedoch weiter zu (Bild 32c). Die RWF-Analyse ergibt:

Bild 32a: Frühe Phase der Brandentwicklung bei ausreichender Sauerstoffzufuhr (Grafik: Angelika Kramer)

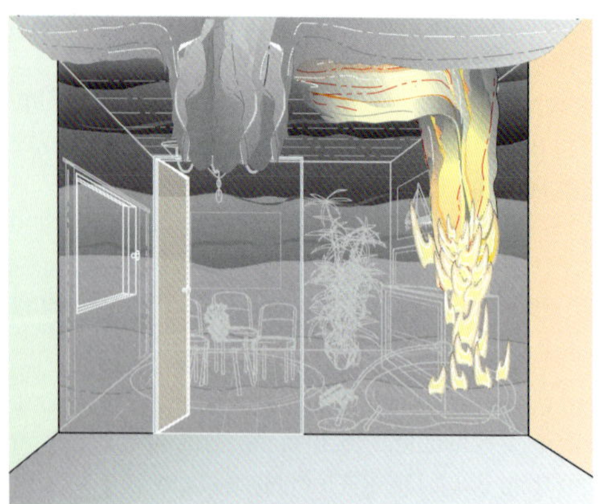

Bild 32b: Spätere Phase der Brandentwicklung bei ausreichender Sauerstoffzufuhr (Grafik: Angelika Kramer)

Bild 32c: Raumzustand kurz vor dem Feuerübersprung
(Grafik: Angelika Kramer)

Bild 32d: Feuerübersprung (Grafik: Angelika Kramer)

- R-Analyse: Es wird massiv Rauch freigesetzt. Der Rauch ist thermisch aufbereitet und tiefschwarz. Die Rauchdichte ist sehr hoch.
- W-Analyse: Es wird massiv Wärme freigesetzt. Nun gasen auch von den Flammen entferntere Gegenstände und der Fußboden aus.
- F-Analyse: Das Flammenvolumen ist groß, die Flammen sind nicht mehr örtlich begrenzt.
- Beurteilung: Der Raum steht kurz vor dem Feuerübersprung. Es muss mit einer Rauchgasdurchzündung gerechnet werden.

Der Brandraum steht nun kurz vor dem Feuerübersprung. Die Zündtemperatur der im Brandraum befindlichen Gegenstände ist nahezu erreicht. Der Raum geht nun in den Vollbrand über (Bild 32d). Die RWF-Analyse ergibt Folgendes:
- R-Analyse: Es wird massiv Rauch freigesetzt. Der Rauch ist thermisch aufbereitet und tiefschwarz. Die Rauchdichte ist sehr hoch.
- W-Analyse: Es wird massiv Wärme freigesetzt. Nun gasen alle Gegenstände und der Fußboden aus.
- F-Analyse: Das Flammenvolumen ist groß, die Flammen sind örtlich nicht mehr begrenzt. Es schlagen Flammen aus der Brandraumtür.
- Beurteilung: Der Raum steht im Vollbrand.

4.8 Die RWF-Analyse in der Praxis – Angriffsweg

Die RWF-Analyse gibt bereits auf dem Weg zum Brandraum wertvolle Informationen. Im Folgenden werden beispielhaft vier verschiedene Brandzustände dargestellt, im ersten Beispiel ist die Tür zum Brandraum geschlossen (Bild 33). Die RWF-Analyse ergibt hier Folgendes:

– R-Analyse: Der Brandraum ist mindestens zu etwa 50 Prozent mit Rauch gefüllt. Der Rauch ist aufgrund der scharfen Rauchgrenze unter der Decke thermisch aufbereitet.

– W-Analyse: Durch Wasserabgabe auf die Brandraumtür können anhand des Verdampfungsverhaltens Rückschlüsse auf die Temperatur der Tür geschlossen werden.

– F-Analyse: Es sind keine Flammen im Rauch sichtbar.

Bild 33: Brandraumtür ist geschlossen (Grafik: Angelika Kramer)

- Beurteilung: Der Brandraum kann kritisch sein. Es wird ein Türöffnungsverfahren zur weiteren Erkundung angewandt.

Im folgenden Beispiel steht die Tür zum Brandraum offen (Bild 34). Der Trupp erhält hierdurch mehr Informationen, die er zur Einschätzung der Situation nutzen kann. Die RWF-Analyse ergibt Folgendes:

- R-Analyse: Der Brandraum ist zu etwa 30 Prozent verraucht, der Rauch ist thermisch aufbereitet. Die Rauchdichte lässt ein zügiges Vorgehen zu.
- W-Analyse: Die zu sehenden Gegenstände (Bild, Stühle, Tisch) und der Fußboden gasen nicht aus.
- F-Analyse: Flammen sind weder im Rauch noch im Brandraum zu sehen.

Bild 34: Offener Brandraum mit zirka 30 Prozent Verrauchungsgrad ohne Flammen (Grafik: Angelika Kramer)

– Beurteilung: Der Raum ist unkritisch. Ein zügiges Vorgehen ohne Kühlung der Rauchgase zur effizienten Brandbekämpfung ist das Mittel der Wahl.

Beim nachfolgenden Beispiel liegt der wesentliche Unterschied in der deutlich wahrzunehmenden und gesteigerten Freisetzung von Brandrauch (Bild 35). Die RWF-Analyse ergibt:

– R-Analyse: Der Brandraum ist zu etwa 50 Prozent mit Rauch gefüllt, der Brandrauch ist thermisch aufbereitet. Der Angriffsweg wird sich schnell mit Rauch füllen.
– W-Analyse: Ein Ausgasen von Gegenständen und des Fußbodens ist nicht wahrzunehmen.
– F-Analyse: Flammen sind weder im Rauch noch auf dem Fußboden zu sehen.

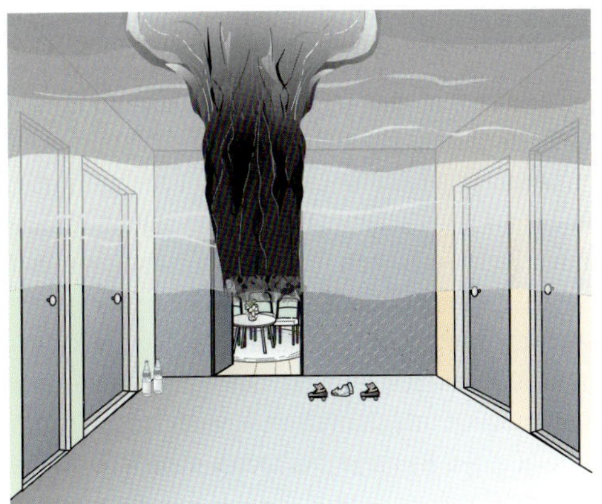

Bild 35:   Offener Brandraum mit zirka 50 Prozent Verrauchungsgrad ohne Flammen (Grafik: Angelika Kramer)

– Beurteilung: Der Brandraum ist kritisch. Es muss mit einer Rauchgasdurchzündung gerechnet werden.

Ein besonderes Augenmerk muss hier auf das Ausgasungsverhalten der Gegenstände im Brandraum und des Fußbodens gerichtet werden. Es ist anzunehmen, dass ein Ausgasen in Kürze zu beobachten sein dürfte, da der Raumbrand bereits fortentwickelt ist (vgl. Bild 32b). Da der Brandraum aufgrund der massiven Rauchentwicklung und der thermischen Beaufschlagung bereits vollständig zerstört ist, bietet es sich in dieser Situation an, die Brandraumtemperatur durch sofortigen Eintrag von Löschwasser zu kühlen. Hierdurch kann unter Umständen ein Feuerüberschlag verhindert werden. Befindet sich der Trupp an der Eingangstür zum Flur und sieht beim Öffnen der Eingangstür dieses Szenario, so kann mittels Vollstrahl am schnellsten Wasser in den Brandraum eingebracht werden. Wird der Vollstrahl in Richtung Brandraumdecke bzw. gegen eine Brandraumwand gerichtet, tritt meistens bereits ein Löscherfolg ein. Da sich der Trupp bei diesen Löschmaßnahmen an der Flurtür aufhält, setzt er sich nicht unmittelbar der Wasserdampfbildung bzw. einer Rauchgasdurchzündung aus und kann im Falle einer Durchzündung die Tür unter Umständen als Barriere nutzen. Kann das Löschwasser von der Flurtür aus nicht effizient in den Brandraum eingebracht werden, so muss sich der Trupp entweder durch Kühlung des Rauchgases zum Brandraum vorarbeiten oder der Einheitsführer befiehlt – wenn dies möglich und sinnvoll ist – einen Außenangriff.

Das Bild 36 zeigt einen Raum im Vollbrand, die RWF-Analyse ergibt hier Folgendes:

– R-Analyse: Es tritt massiv Rauch aus. Der Raum ist zu 100 Prozent verraucht, der Rauch ist thermisch aufbereitet.

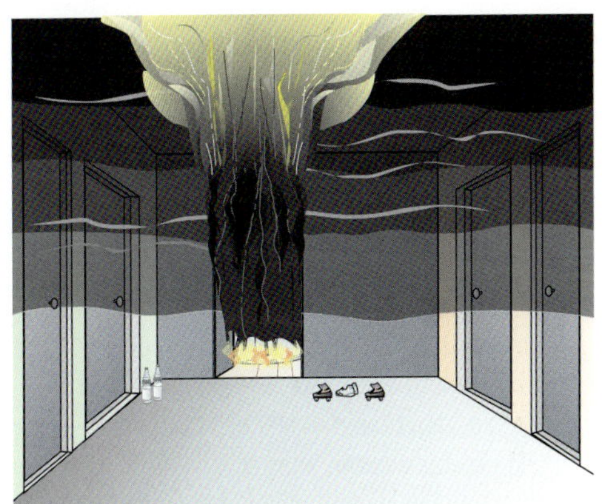

Bild 36: Offener Brandraum bei vollständiger Verrauchung und Flammen (Grafik: Angelika Kramer)

- W-Analyse: Da der Raum im Vollbrand steht, wird sehr viel Wärme freigesetzt.
- F-Analyse: Im Rauch und auf dem Fußboden sind Flammen zu sehen.
- Beurteilung: Der Raum steht im Vollbrand. Der Feuerübersprung hat bereits stattgefunden. Es muss weiterhin mit Rauchgasdurchzündungen gerechnet werden.

Auch bei diesem Beispiel wird empfohlen, die Brandraumtemperatur so schnell wie möglich herunter zu kühlen. Mittels Vollstrahl gelingt dies unter Umständen auch von der Flurtür aus sehr schnell. Sollte dies nicht möglich sein, so muss sich der Trupp entweder durch Kühlung des Rauchgases zum Brandraum vorarbeiten oder es muss ein Außenangriff eingeleitet werden.

5 Phänomene

Damit der Trupp im Innenangriff sicher und effizient arbeiten kann, ist es wichtig, über Grundlagenwissen zu verfügen, wie die Phänomene Rauchgasdurchzündung, Feuerübersprung und Rauchgasexplosion entstehen, wie diese zu erkennen sind, welche Gefahren davon ausgehen und welche Möglichkeiten der Brandbekämpfung eingesetzt werden können.

5.1 Rauchgasdurchzündung

Entstehung: Jeder Raumbrand erzeugt Brandrauch. Dieser, mit zunehmender Dauer des Raumbrandes heißer werdende Brandrauch sammelt sich unter der Decke und breitet sich in der Regel radial aus. Da der Brandrauch unverbrannte Bestandteile beinhaltet, handelt es sich hierbei nicht nur um einen sehr effizienten Wärmeträger, sondern auch um ein brennbares Aerosol in feinster, verteilter Form. Eine Rauchgasdurchzündung tritt dann in Erscheinung, sobald ein reaktionsfähiges Gemisch aus Brandrauchgasen und Luftsauerstoff vorhanden ist und dieses Gemisch die Zündtemperatur erreicht hat. Eine Rauchgasdurchzündung kann mehrmals auftreten.

Gefahren: Bei einer Rauchgasdurchzündung wird Wärme freigesetzt, die zu einer Expansion der Rauchgase führt. Dies hat zur Folge, dass sich die Rauchschicht bei einer Durchzündung auch »nach unten in Richtung Boden« ausbreitet. Hierdurch kann eine Sichtbehinderung für den vorgehenden Trupp eintreten. In Abhängigkeit der Zusammensetzung, des Mischungsverhältnisses und des Ausdehnungsverhaltens der Rauchgase kann die Rauchgasexpansion derartige Ausmaße annehmen, dass der Trupp von den Rauchgasen vollständig umschlossen wird. Im Extremfall wird der Trupp allseitig von Flammen umgeben. Bei ausreichend vorhandenem Rauchvolumen kann eine Rauchgasdurchzündung auch dazu führen, dass sich der Brandrauch aufgrund der Rauchgasexpansion ins unter dem Brandraum oder darüber liegende Geschoss, z. B. über den Treppenraum, ausbreitet. Eine weitere Gefahr der Rauchgasdurchzündung besteht darin, dass außerhalb des Brandraumes Initialfeuer entstehen können. Keineswegs unterschätzt werden darf die durch die Expansion hervorgerufene Druckerhöhung. Im Extremfall kann die Druckerhöhung einer Rauchgasdurchzündung dazu führen, dass der Trupp umgeschmissen wird und tragende Bauteile weggedrückt werden. Bedingt durch die mit der Rauchgasdurchzündung einhergehende Druckerhöhung, kommt es nicht selten vor, dass der Druckabbau mehrere Sekunden andauert und an den Druckentlastungsöffnungen (Fenster, Türen, Dachluken usw.) »Stichflammen« zu sehen sind.

Erkennen: Eine bevorstehende Rauchgasdurchzündung ist für ungeübte Einsatzkräfte nur schwer vorherzusagen. Lassen es die Sichtverhältnisse zu, so muss grundsätzlich die Aufmerksamkeit auch auf die horizontale Rauchgrenze gelegt werden, da bei einer bevorstehenden Rauchgasdurchzündung oftmals mehr oder weniger intensive, kurz wahrnehmbare Flammenzungen in der Rauchschicht erkennbar sind. Anhand dieser Flammenzungen wird dem Trupp signalisiert, dass der Rauch ausreichend thermisch aufbereitet und bereits das richtige Mischungsverhältnis vorhanden ist. Grundsätzlich nimmt die Rauchgastemperatur mit zunehmender Entfernung vom Initialfeuer ab. Aus dieser einfachen thermodynamischen Gesetzmäßigkeit ist leicht nachzuvollziehen, dass der Trupp umso vorsichtiger sein muss, je länger der Angriffsweg ist und je früher Flammenzungen an der Rauchgrenze zu sehen sind. Ein Beispiel soll dies verdeutlichen: Angenommen, der Angriffstrupp hat einen Angriffsweg von etwa 30 Metern. Nach zirka 15 Metern sind Flammenzungen in der Rauchschicht erkennbar. Da die Rauchgastemperatur zum Brandraum hin stetig zunimmt, muss in diesem Fall mit einer Rauchgasdurchzündung gerechnet werden.

Verhalten: Der Trupp hat grundsätzlich kontinuierlich die Rauchgastemperatur zu überprüfen. Diesbezüglich wird ein kurzer Sprühimpuls mit einem Sprühwinkel von zirka 45 bis 65° in Richtung Rauchschicht abgegeben. Nun gilt es, das Verdampfungsverhalten des Löschwassers bzw. das Kontraktionsverhalten der Rauchschicht zu beurteilen. Verdampft das Löschwasser nicht, so kann der Trupp einige wenige Meter zurücklegen und eine erneute Rauchgastemperaturüberprüfung vornehmen. Verdampft das Löschwasser in der Rauchschicht vollständig, so muss die Rauchschicht schnell und effizient gekühlt werden. In dieser Situation sollte der Trupp das Strahlrohr in kniender Position auf

Hüfthöhe führen und von dieser Position aus die Rauchschicht wie folgt kühlen: Der erste Sprühstrahlimpuls wird im 45°-Winkel in Richtung Rauchschicht abgegeben, der zweite Sprühstrahlimpuls wird etwas flacher gerichtet, sodass die weiter entfernte Rauchschicht gekühlt wird, der dritte Sprühimpuls wird dann noch flacher abgegeben. Bei der Kühlung der Rauchschicht ist unbedingt darauf zu achten, dass diese so gut wie möglich über die gesamte Raumbreite gekühlt wird. Dieser Vorgang wird so lange wiederholt, bis das Löschwasser kein effizientes Verdampfungsverhalten mehr zeigt.

Zusätzlich ist der Brandrauch – soweit realisierbar – schnellstmöglich aus dem Brandraum bzw. dem Brandgeschoss abströmen zu lassen.

Hintergrundwissen: Im Vergleich zu großen Brandräumen neigen schmale Brandräume (z.B. Flur) und kleine Brandräume (z.B. Abstellraum, Kinderzimmer, Wickelzimmer) eher zu einer Rauchgasdurchzündung. Der Grund hierfür ist, dass sich bei schmalen Räumen die Wände durch die so genannte Reflexionsstrahlung der Wände zusätzlich thermisch aufbereiten und somit auch den Rauch stetig erwärmen. Kleine Räume neigen eher zu einer Rauchgasdurchzündung, da sich diese Räume im Vergleich zu großen Räumen bei entsprechender Brandlast schneller aufheizen.

5.2 Feuerübersprung

Entstehung: Bei jedem Brand wird Wärmeenergie an die Umgebung abgegeben. Mit zunehmender Branddauer nimmt nicht nur die Menge an brennbaren Rauchgasen, sondern auch die Menge an freigesetzter Wärmeenergie zu. Durch die freiwerdende Wärmeenergie steigt die Brandraumtemperatur. Sobald die Brandraumtemperatur die Zündtemperatur der Einrichtungsgegenstände erreicht, entzünden sich diese. Da die Zündtemperaturen der Einrichtungsgegenstände annähernd gleich sind, geht der fortentwickelte Raumbrand, bei dem sich die Flammen noch örtlich begrenzt in der Nähe der Brandausbruchstelle befinden, bei Erreichung der Zündtemperatur in den Vollbrand über, da sich nahezu alle Einrichtungsgegenstände zeitgleich entzünden. Diese Phase des Übergangs in den Vollbrand wird Feuerübersprung (Flashover) genannt. Nach dem Feuerübersprung steht der Brandraum im Vollbrand. Das Bild 37 zeigt die Brandverlaufsphasen eines typischen Raumbrandes mit Feuerübersprung ohne eingreifende Maßnahmen durch die Feuerwehr.

Gefahren: Geht der Raum in den Vollbrand über, so nimmt nicht nur die Bandraumtemperatur in kurzer Zeit rapide zu, sondern auch die Menge an freigesetzten heißen Rauchgasen pro Zeiteinheit. Die Brandbekämpfung gestaltet sich in der Regel nach einem Feuerübersprung sehr schwierig. Schwarzer, heißer Rauch und eine enorme Wärmeentwicklung erschweren das Vorgehen bzw. die Brandbekämpfung. Dies wiederum bedeutet, dass Sichtverhältnisse bis zur »Nullsicht« vorherrschen und durch die Abgabe von Löschwasser entsprechend viel Wasserdampf erzeugt

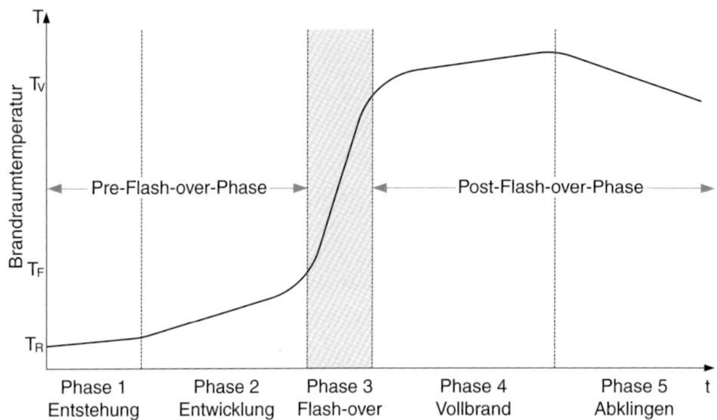

Bild 37: Brandverlaufsphasen eines typischen Raumbrandes mit Feuerübersprung ohne eingreifende Maßnahmen durch die Feuerwehr

wird. Bei unverhältnismäßig hohem Wassereinsatz ist in einer solchen Situation eine Eigengefährdung eines ungeübten Trupps durch den erzeugten Wasserdampf nicht auszuschließen. Betritt der Trupp einen Brandraum, der kurz vor dem Feuerübersprung steht, und gelingt es ihm nicht, den Feuerübersprung durch ein Absenken der Brandraumtemperatur zu verhindern, so wird er binnen weniger Sekunden allseitig von Flammen eingeschlossen sein.

Erkennen: Da sich der Feuerübersprung ankündigt, ist es für den vorgehenden Trupp wichtig zu wissen, auf welche Veränderungen im Brandraum er zu achten hat. Im Rahmen dieses Roten Heftes sollen nachstehend zwei Merkmale zur Beurteilung eines bevorstehenden Feuerübersprunges dargestellt werden. Ein wesentliches Merkmal bei der Beurteilung, ob ein Raum kurz vor dem Feuerübersprung steht, ist das so genannte Ausgasungsverhalten des Brandraumes. Ausgasende Gegenstände sind ein deutliches Anzeichen dafür, dass eine erhebliche Wärmebeaufschlagung auf diese Gegenstände einwirkt. Bei ausgasenden Gegenständen muss davon ausgegangen werden, dass diese kurz vor der Entzündung stehen. Der Raumzustand ist umso kritischer, je weiter diese Gegenstände vom Initialfeuer entfernt und je näher sie in Bodennähe ausgasen. Ein ausgasender Teppichboden ist in diesem Zusammenhang ein sofortiger Rückzugsindikator. Ein weiterer zuverlässiger Indikator sind sichtbare Flammen in den Rauchgasen. In diesem Fall könnte eine Rauchgasdurchzündung zu einer derartigen Temperaturerhöhung im Brandraum führen, dass die Zündtemperatur der Einrichtungsgegenstände erreicht wird und der Brandraum somit in den Vollbrand übergeht. Oftmals geht einem Feuerübersprung eine Rauchgasdurchzündung voraus. Der Raumzustand ist in diesem Zusammenhang umso kritischer, je größer der Verrauchungsgrad des Brandraumes ist.

Verhalten: Ein Feuerübersprung kann nur dadurch verhindert werden, indem der Brandraum derart gekühlt wird, dass die Zündtemperatur der Einrichtungsgegenstände nicht erreicht wird. Dies wiederum bedeutet, dass Löschwasser in den Brandraum eingebracht werden muss. Der Truppführer muss im Rahmen der Beurteilung der Situation auch die vom Feuer weiter entfernten Einrichtungsgegenstände bewusst wahrnehmen, um ein Ausgasungsverhalten feststellen zu können. Auch sollte er ein Augenmerk auf das Ausgasungsverhalten des Fußbodens haben. Es wäre ein Fehler, wenn sich der Trupp im Rahmen der Brandbekämpfung ausschließlich auf das Initialfeuer konzentriert. Des

Weiteren hat der Truppführer die Aufgabe, eine bevorstehende Rauchgasdurchzündung abzuschätzen und insbesondere darauf zu achten, ob Flammen in der Rauchgasschicht zu erkennen sind. Der Truppmann konzentriert sich ausschließlich auf eine effiziente Kühlung des Brandraumes. Hierzu appliziert er das Löschwasser mit Sprühstrahl impulsartig in Richtung Decke. Die Dauer der Sprühimpulse ist hierbei abhängig von der Brandraumtemperatur. Je heißer der Brandraum ist, desto kürzere und schnellere Sprühimpulse muss der Strahlrohrführer abgeben. Zu lange Impulse führen unter Umständen zu derart viel Wasserdampfbildung, dass der Trupp sich zusätzlich selbst gefährden könnte. Andererseits muss Löschwasser in den Brandraum eingebracht werden, um überhaupt eine kühlende Wirkung zu erzielen. An dieser Stelle muss leider gesagt werden, dass es kein Patentrezept gibt. Grundsätzlich gilt: Eher mit kurzen Sprühstößen in Richtung Decke beginnen (Temperaturcheck) und die Dauer der Sprühimpulse allmählich verlängern. Ein geübter Strahlrohrführer benötigt nur wenige Sprühimpulse, bis er festgestellt hat, wie viel Wasser in den Brandraum appliziert werden darf. Während dieser »Findungsphase« sollte sich der Trupp nicht zu weit in den Brandraum vorwagen, um im Falle eines Falles einen kurzen Rückzugsweg zu haben. Auch bei diesem Szenario gilt, dass der Trupp durch das Öffnen vorhandener Fenster den Rauch und die Wärme so schnell wie möglich aus dem Brandraum abströmen lässt. Durch diese Maßnahme ist auch eine Verbesserung der Sichtverhältnisse zu erwarten.

Hintergrundwissen: Ein Feuerübersprung kann pro Brandraum nur einmal auftreten, da der Raum nur einmal in den Vollbrand übergehen kann. Der im Brandraum kurz vor einem Feuerübersprung vorhandene Brandrauch ist immer heiß und grundsätzlich dunkel. Die Dauer des Feuerübersprungs ist u. a. abhängig von der Raumgröße, den Ab- und Zuluftöffnungen, der Raumgeometrie, der Dauer der thermischen Aufbereitung und der vorhandenen Brandlast. So ist es möglich, dass der Feuerübersprung durchaus nur fünf Sekunden dauern kann. Gleichfalls ist es denkbar, dass der Feuerübersprung 30 Sekunden andauert, bis der Brandraum im Vollbrand steht. Erkennt ein Trupp einen bevorstehenden Feuerübersprung nicht, betritt den Brandraum und schafft es nicht die Brandraumtemperatur effektiv zu senken, so besteht die Gefahr, dass der Trupp binnen weniger Sekunden allseitig von Flammen umschlossen ist. In dieser tödlichen Situation zeigt nur noch die mitgeführte Schlauchleitung den Weg aus dem Brandraum. Eine Orientierung, auch mithilfe einer Wärmebildkamera, ist in einer solchen Situation nicht mehr möglich.

In der Tabelle 12 werden ausgewählte Entzündungstemperaturen T_{ig} von im Hausbau verwendeten Baustoffen dargestellt. Nimmt man den Mittelwert der in Tabelle 12 dargestellten Entzündungstemperaturen, ergibt sich eine mittlere Entzündungstemperatur von 373 °C. In der Fachliteratur findet man Hinweise darüber, dass der Feuerübersprung bei Brandraumtemperaturen zwischen 350 und 400 °C eintritt. Die erwähnte mittlere Entzündungstemperatur bestätigt dies.

Tabelle 12: Entzündungstemperaturen ausgewählter Materialien

Material	Art	T_{ig} [°C]
PMMA	1,6 mm	278
PMMA	12,7 mm	378
PU	535 M	280
Polyesterglas	2,2 mm	390
Schaumstoff	flexibel	390
Hartfaserplatte	6,4 mm	298
Acrylteppich	–	300
Faserplatte	leicht	330
Holzschindelplatte	12,5 mm	382
Sperrholz	6,3 mm	390
Textilpapier	–	400
Faserplatte	schwer	400
Wandteppich	auf Gips	412
Nylonwolle	Teppich	412
Wollteppich	12,5 mm	460
Gipskarton	–	465

5.3 Rauchgasexplosion

Entstehung: Eine Voraussetzung für das Phänomen Rauchgasexplosion (Backdraft) ist ein relativ dichter Raum. Durch das Initialfeuer wird Wärme und Rauch an den Brandraum abgegeben. Aufgrund der Dichtigkeit des Raumes steht dem Brand nur eine begrenzte Menge an Luftsauerstoff für die Verbrennung zur Verfügung. Dieser Luftsauerstoff wird kontinuierlich verbraucht, mit dem Ergebnis, dass die Verbrennung zunehmend unvollständiger abläuft. Je unvollständiger eine Verbrennung ist, desto mehr Rauch wird bei der Verbrennung freigesetzt. Daraus lässt sich der nachstehende Systemzustand ableiten: Je länger der Brand sich in einem relativ dichten Raum entwickelt,

- umso geringer ist das Sauerstoffangebot,
- umso geringer ist die Verbrennungsgeschwindigkeit,
- umso geringer ist das Flammenvolumen im Raum,
- umso geringer ist die Brandraumtemperatur,
- umso mehr brennbare Pyrolyseprodukte werden sich im Brandraum sammeln.

Jede Explosion benötigt in Abhängigkeit der vorherrschenden Bedingungen eine Zündenergie, um die Reaktion in Gang zu setzen. Ist die Mindestzündenergie nicht vorhanden, so ist eine Explosion ausgeschlossen. Zudem muss sich das Mischungsverhältnis der Rauchgase und des vorhandenen Luftsauerstoffes innerhalb der Explosionsgrenzen befinden. Genau dies ist nun nicht der Fall. Der Luftsauerstoff wurde aufgebraucht. Im Brandraum ist allerdings noch die Zündquelle vorhanden, die im Extremfall ein kleineres Glutnest sein kann. Öffnet nun der Angriffstrupp eine Tür oder ein Fenster zum Brandraum, so wird diesem Luftsauerstoff zugeführt. Der zugeführte Luftsauerstoff wird sich nach einer gewissen Zeit, die u. a. davon abhängig ist, wie groß der Raum und die Zuluftöffnung sind, mit den Pyrolyseprodukten vermischen. Durch diesen Vorgang verschiebt sich das Mischungsverhältnis von brennbaren Pyrolyseprodukten und Luftsauerstoff in den explosionsfähigen Bereich. Sobald ein explosionsfähiges Mischungsverhältnis vorliegt und dieses Brennstoff-Luft-Gemisch die Zündquelle erreicht, kommt es zur Explosion.

Erkennen: Grundsätzlich kann eine Rauchgasexplosion bei den Brandräumen ausgeschlossen werden, die eine Zuluftöffnung haben. Steht ein Fenster (wenn auch nur gekippt) oder eine Tür zum Brandraum offen, so wird dem Brand kontinuierlich Luftsauerstoff zugeführt und die Verbrennung wird aufrechterhalten. In einem solchen Fall würde beim Erreichen der unteren Explosionsgrenze eine Rauchgasdurchzündung resultieren. Ein Hinweis auf eine bevorstehende Rauchgasexplosion können fehlende Brandgeräusche einhergehend mit einer Verrauchung im Brandraum sein. Zudem müssen sehr dichte Räume betroffen sein, in denen sich in der Regel über einen längeren Zeitraum Pyrolyseprodukte gesammelt haben. An dieser Stelle muss aber ausdrücklich darauf hingewiesen werden, dass es keine sicheren Anzeichen für eine bevorstehende Rauchgasexplosion gibt.

Gefahren: Die bei einer Rauchgasexplosion entstehende Druckerhöhung kann dazu führen, dass tragende Bauteile umgedrückt, verschoben oder in ihrer baulichen Substanz geschwächt werden. Fragmente der baulichen Substanz oder Gegenstände der Wohnungseinrichtung können derart beschleunigt werden, dass hieraus eine weitere Gefahr nicht nur für das unmittelbare Umfeld resultiert. Des Weiteren kann der Trupp umgeworfen werden, wodurch Verletzungen nicht auszuschließen sind. Auch besteht die Möglichkeit, dass Ausrüstungsgegenstände der Persönlichen Schutzausrüstung wie z.B. der Helm oder der Atemanschluss weggedrückt werden und somit die Schutzwirkung nicht mehr gegeben ist. Da die Explosion eine exotherme Reaktion darstellt, wird in kürzester Zeit sehr viel Wärmeenergie freigesetzt. Diese Wärmeenergie kann zu weiteren Initialfeuern führen.

Verhalten: Für das Vorgehen bei Verdacht auf eine bevorstehende Rauchgasexplosion gibt es derzeit keine Patentlösung. Liegt der Verdacht einer Rauchgasexplosion nahe, so empfiehlt der Autor, den explosionsgefährdeten Bereich nicht zu betreten und den Einheitsführer über die Situation zu informieren. Dieser muss dann anhand der Gesamtlage das weitere Vorgehen beschließen.

Hintergrundwissen: Da die Verbrennungsgeschwindigkeit aufgrund des Sauerstoffdefizites nach einer gewissen Zeit kontinuierlich abnimmt, kann es vorkommen, dass der Brandrauch beim Vorgehen des Trupps nur geringfügig thermisch aufbereitet ist. Somit könnte der trügerische Eindruck entstehen, dass bei einem Brandraum, der als nicht warm oder heiß empfunden wird, einhergehend mit nicht vorhandenen Brandgeräuschen, die Situation unkritisch ist.

Sollte eine Rauchgasexplosion in Erscheinung treten, so kann es vorkommen, dass die Explosion den zur Verfügung stehenden zugeführten Sauerstoff im Brandraum aufgebraucht hat und daher nach der Explosion keine Flammen sichtbar sind. Wird dem Brandraum nach der Explosion ausreichend Sauerstoff zur Verfügung gestellt, so wird sich der Brand verzögert entwickeln.

Auch bei der Rauchgasexplosion gilt der Hinweis, dass kleinere, dichte Räume eher zu einer Rauchgasexplosion neigen, da hier der Sauerstoff im Brandraum eher verbraucht ist als bei großen Räumen. Aufgrund des Sauerstoffdefizites im Brandraum wird die Verbrennung zunehmend unvollständiger. Dies hat zur Folge, dass vermehrt Kohlenmonoxyd (CO) produziert wird, welches gefährliche chemische und physikalische Eigenschaften besitzt (siehe auch Tabelle 13).

Tabelle 13: Eigenschaften von Kohlenmonoxyd

Produktname	Kohlenmonoxyd
Chemische Formel	CO
CAS-Nr.	630-08-0
Molare Masse	28 g/mol
Zündtemperatur	620 °C
Explosionsgrenzen	12,5 – 74 Vol.% in Luft
Relative Dichte, gasförmig	0,967
Relative Dichte, flüssig	0,79
Aussehen	farbloses Gas
Geruch	geruchlos, keine Warnung durch Geruch
Einatmen	giftig beim Einatmen
Entzündbarkeit	hochentzündlich

Merke:

Kohlenmonoxyd hat einen großen Explosionsbereich und nahezu die gleiche molare Masse wie Luft. Es wird sich daher homogen im Brandraum verteilen. Kohlenmonoxyd ist zudem geruchs- und farblos.

5.4 Abgrenzungskriterien der Phänomene

In der Tabelle 14 werden zusammenfassend die Abgrenzungskriterien der Phänomene »Feuerübersprung« und »Rauchgasexplosion« genannt.

Tabelle 14: Abgrenzungskriterien der Phänomene »Feuerübersprung« und »Rauchgasexplosion«

Abgrenzungs- kriterium	Feuerübersprung	Rauchgasexplosion
Rauchfarbe	grundsätzlich sehr dunkel	hell bis dunkel
Rauchtemperatur	grundsätzlich heiß	Raumtemperatur bis heiß
Druckerhöhung	hoch	hoch bis sehr hoch
Indizierung	temperaturindiziert	sauerstoffindiziert
Wahrscheinlichkeit	hoch	gering
Brandgeräusche	deutlich wahrnehmbar	schlecht bis gar nicht wahrnehmbar
Erkennbar	ja	nein
Reaktionsmöglichkeit	ja	nein

6 Taktische Vorgehensweisen

Die nachstehend dargestellten taktischen Vorgehensweisen haben das Ziel, die Sicherheit des vorgehenden Trupps zu erhöhen.

6.1 Sicherheitsbereich

Im Kapitel 4.5 wurde beschrieben, aus welchen Gründen das Umfeld durch den vorgehenden Trupp bewusst wahrgenommen werden sollte. Auf diesen Gründen aufbauend wird nun der Begriff des »Sicherheitsbereichs« eingeführt. Zur besseren Veranschaulichung wird nachstehend beispielhaft eine Doppelhaushälfte in der Außenansicht und im Grundriss dargestellt. Dem Grundriss ist zu entnehmen, dass das erste Obergeschoss der linken Doppelhaushälfte aus den Räumen A, B, C und D besteht. Der Raum A wird als Brandraum angenommen, der Angriffsweg in das erste Obergeschoss führt über eine u-förmige Treppe (Bild 38).

Der vorgehende Trupp hat in der Regel das Problem, dass er weder den Grundriss noch die genaue Brandausbruchstelle kennt. Des Weiteren wird er mit hoher Wahrscheinlichkeit ganz oder teilweise offen stehende Türen in der Brandwohnung antreffen. Einen wesentlichen Einfluss auf den Brandverlauf im Brandraum und damit die Arbeitsbedingungen während der Brandbekämp-

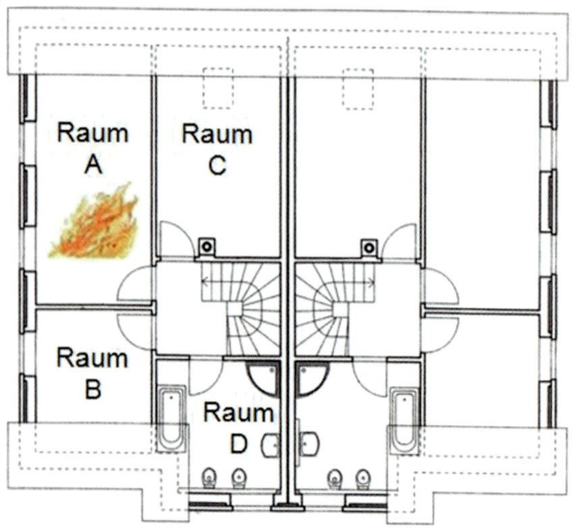

Bild 38: Beispielhafter Grundriss des ersten Obergeschosses eines Doppelhauses

fung hat die Tür zum Brandraum. Diese Tür kann (teil-)geöffnet oder geschlossen sein, daher müssen zwei Zustände betrachtet werden:

- Zustand 1: Die Brandraumtür ist (teil-)geöffnet, alle anderen Türen sind geöffnet.
- Zustand 2: Die Brandraumtür ist geschlossen, alle anderen Türen sind geöffnet.

Erläuterungen zum Zustand 1:

Über ein offen stehendes Fenster wird der Brandraum ausreichend mit Sauerstoff versorgt. Die Entwicklung des Feuers und die offen stehenden Türen führen zu einer kompletten Verrauchung des ersten Obergeschosses (Bild 39). Die Arbeitsbedingungen für den Trupp sind schwierig.

Der vorgehende Trupp wird standardmäßig die Brandbekämpfung einleiten. Kommt es während der Brandbekämpfung zu einer Notfallsituation, in der sich der Trupp zurückziehen muss, so ergeben sich folgende Problemfelder:

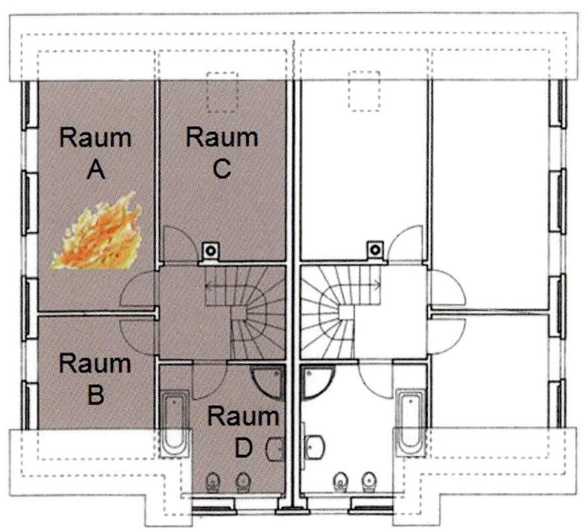

Bild 39: Vom Angriffstrupp vorgefundene Situation. Die graue Fläche kennzeichnet den Grad der Verrauchung.

– Der Trupp hat keinen sicheren Bereich, in den er sich zurückziehen kann, da alle Räume verraucht sind.
– Die zunehmende Wärmefreisetzung im Brandraum kann zu einer Rauchgasdurchzündung führen. Diese Rauchgasdurchzündung kann in anderen Räumen zur Entzündung brennbarer Oberflächen führen.
– Die Anleiterbereitschaft ist suboptimal, da nur in Abhängigkeit der Reaktion des im Innenangriff eingesetzten Trupps reagiert und im Vorfeld nicht agiert werden kann.
– Der Rauch und die Wärme erschweren die Durchführung der Brandbekämpfungsmaßnahmen.

Anstatt die Brandbekämpfung sofort aufzunehmen, wird nachstehend die Vorgehensweise zur Schaffung eines Sicherheitsbereiches dargestellt:

1. Die Tür zum Brandraum wird geschlossen (Antiventilationstaktik, siehe Kapitel 6.2).
2. Das Fenster im Raum D wird geöffnet und mit einem Keil offen gehalten.
3. Eine Blinkleuchte wird am geöffneten Fenster im Raum D in Stellung gebracht.
4. Die Tür zum Raum D wird beim Verlassen des Raumes verschlossen.
5. Der Einheitsführer wird per Funk über den gewählten Sicherheitsbereich informiert.

Das Bild 40 zeigt die Situation nach der Schaffung des Sicherheitsbereichs.

Durch das Schließen der Brandraumtür isoliert sich der Trupp vom Feuer. Der große Vorteil liegt nun darin, dass die Zunahme

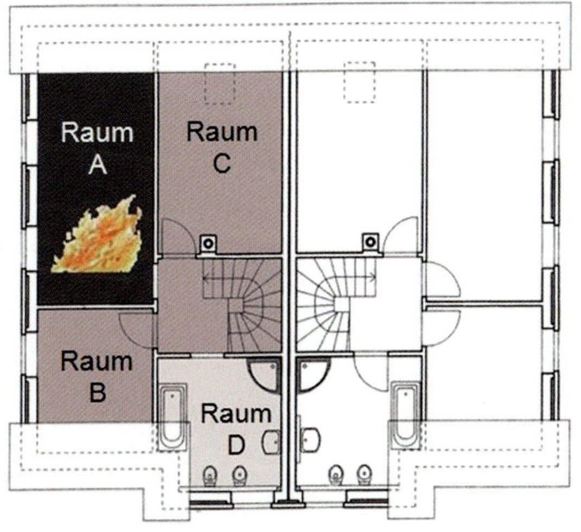

Bild 40: Situation nach Schaffung des Sicherheitsbereichs. Die unterschiedlichen Grautöne visualisieren die Rauchdichte.

des Rauchvolumens auf den Brandraum begrenzt bleibt. Da Rauch ein wesentlicher Wärmestrahler ist, wird die Wärme konzentriert im Brandraum gehalten und breitet sich nicht flächig im ersten Obergeschoss aus. Die Arbeitsbedingungen außerhalb des Brandraums bleiben in dieser Situation zumindest annähernd konstant oder verbessern sich sogar. Zudem wird das Risiko einer Rauchgasdurchzündung mit hoher Wahrscheinlichkeit auf den Brandraum begrenzt.

Der Raum D wird als Sicherheitszone gewählt. Durch das Öffnen des Fensters im Raum D wird der dort befindliche Rauch abgeführt. Um das Fenster geöffnet zu halten, wird es mit einem Keil gesichert. Die im Fensterbereich in Stellung gebrachte Blinkleuchte kennzeichnet deutlich den Sicherheitsbereich und somit die Stelle für die Anleiterbereitschaft (Bild 41). Beim Verlassen der gewählten Sicherheitszone wird die Tür verschlossen, um zu ver-

Bild 41:   Durch Blinkleuchte gekennzeichneter Sicherheitsbereich
① Vollständig geöffnetes und verkeiltes Fenster des Sicherheitsbereichs
② Im Blinkmodus betriebene Handlampe zur Kennzeichnung des Sicherheitsbereichs
③ Grundsätzlich sollte bei kritischen Wohnungsbränden damit gerechnet werden, dass Rauch bzw. Flammen (auch unter Druck) an Gebäudeöffnungen wie z. B. Fenstern oder Türen austreten. Der Feuerwehrangehörige im Korb der Drehleiter wäre dieser Situation »schutzlos« ausgeliefert.

hindern, dass größere Mengen Brandrauch in diesen Sicherheitsbereich eindringen. Nach Beendigung der Maßnahmen wird der
Einheitsführer über den gewählten Sicherheitsbereich informiert.
Ein weiterer Vorteil liegt darin, dass der Trupp sich mit dem zweiten Fluchtweg vertraut gemacht hat. Der Weg zum »Notausstieg«
ist bekannt und es wird keine wertvolle Zeit für die Suche und die
Vorbereitung eines geeigneten Notausstieges verschwendet.
Selbstverständlich wird der Trupp über die in Stellung gebrachte
Leiter per Funk informiert. Dies gibt ihm ein zusätzliches Sicherheitsgefühl.

Erläuterungen zum Zustand 2:
Bei der Betrachtung des Zustandes 2, bei dem die Brandraumtür
geschlossen und alle anderen Türen geöffnet sind, ergibt sich ein
anderes Rauchbild. Da die Tür zum Brandraum geschlossen ist,
wird weniger Rauch aus dem Brandraum dringen, die Rauchdichte außerhalb des Brandraumes ist geringer (Bild 42). Die Arbeitsbedingungen sind wesentlich besser als beim Zustand 1.

Auch in dieser vermeintlich »unkritischeren« Situation ist vor
Beginn der Brandbekämpfung der Sicherheitsbereich zu schaffen:

1. Das Fenster im Raum D wird geöffnet, nachdem durch einen
   Blick nach draußen festgestellt wurde, dass es zum Anleitern geeignet ist.
2. Das Fenster im Raum D wird mit einem Keil offen gehalten.
3. Eine Blinkleuchte wird am geöffneten Fenster im Raum D in
   Stellung gebracht.
4. Die Tür zum Raum D wird verschlossen.
5. Der Einheitsführer wird per Funk über den gewählten Sicherheitsbereich informiert.

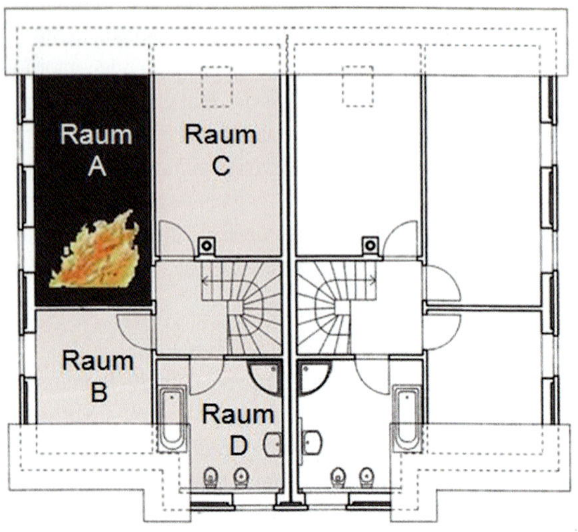

Bild 42: Vom Angriffstrupp vorgefundene Situation. Die unterschiedlichen Grautöne visualisieren die Rauchdichte.

Das Bild 43 zeigt die Situation nach der Schaffung des Sicherheitsbereichs.

Es stellt sich nun die Frage, welche Anforderungen an den Raum, der als Sicherheitsbereich genutzt werden soll, gestellt werden müssen. Hierbei gilt es, drei Merkmale zu beachten:

1. Der Raum *muss* anleiterbar sein (Hinterhofbebauung?!).
2. Der Raum muss mit adäquaten Fenstern oder Türen (Balkon, Flachdach usw.) versehen sein, die ein möglichst ungehindertes Verlassen des Raumes zulassen.

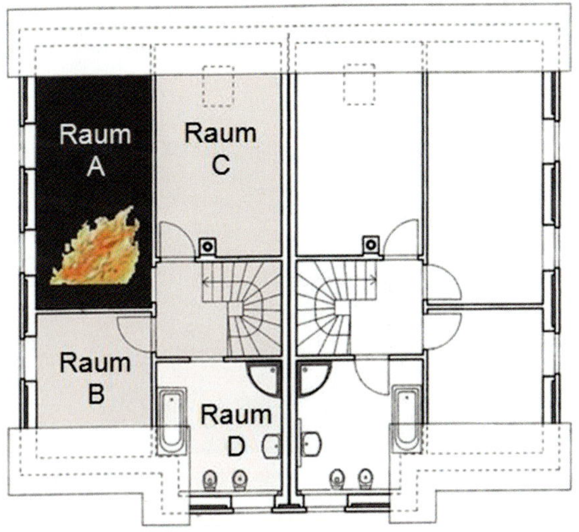

Bild 43: Situation nach Schaffung des Sicherheitsbereichs. Die unterschiedlichen Grautöne visualisieren die Rauchdichte.

3. Der Raum sollte so gewählt werden, dass eine schnelle und ungehinderte Vornahme einer Leiter möglich ist (Bild 44).

Der Sicherheitsbereich sollte – wenn möglich – primär zu der Seite gerichtet sein, zu der auch das Löschfahrzeug bzw. die Drehleiter in Stellung gebracht wurde. Nicht nur der »kurze« Weg zum Fenster ist ein nicht unwesentlicher Vorteil, der Maschinist hat dann eventuell auch die Möglichkeit, den Sicherheitsbereich zu überwachen (Bild 45).

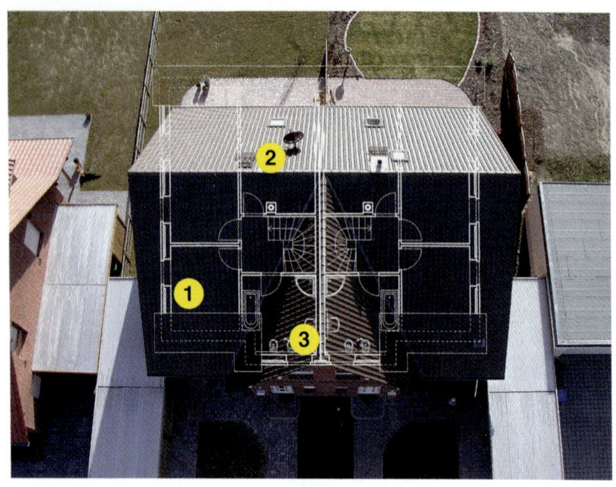

Bild 44: Draufsicht auf die betrachtete Doppelhaushälfte
① Der Raum B ist als Sicherheitsbereich ungeeignet, da ein ungehindertes Anleitern hier nicht möglich ist.
② Der Raum C ist als Sicherheitsbereich nur bedingt geeignet. Das Dachfenster widerspricht der Anforderung an eine adäquate Öffnung für einen schnellen Ausstieg. Zudem ist ein schnelles Anleitern aufgrund der dafür zurückzulegenden Wege nicht möglich.
③ Der Raum D ist als Sicherheitsbereich geeignet. Ein schnelles und ungehindertes Anleitern ist hier möglich.

Die Tabelle 15 fasst die Vor- und Nachteile eines Sicherheitsbereiches zusammen.

Bild 45: Der optimale Sicherheitsbereich liegt grundsätzlich an der Gebäudeseite, an der die Fahrzeuge (Drehleiter) in Stellung gebracht wurden. Die Rüstzeiten werden dadurch kurz gehalten, der zweite Fluchtweg über Rettungsgeräte der Feuerwehr ist in der Regel schneller hergestellt.

Tabelle 15: Vor- und Nachteile eines Sicherheitsbereiches

Vorteile	Nachteile
– Brand wird isoliert – Rauchausbreitung wird entgegengewirkt – Wärmeausbreitung wird entgegengewirkt – Zweiter Fluchtweg/Rettungsweg ist bekannt – Notausstiegsöffnung ist vorbereitet – Notausstiegsöffnung ist kenntlich gemacht (nachts sehr wichtig!)	– Brandbekämpfung verzögert sich – Wärme im Brandraum wird nicht abgeführt – Pyrolysegase im Brandraum nehmen zu

Vorteile	Nachteile
– Einheitsführer kann agieren – Sicherheitszone ist raucharm – Sauerstoffzufuhr zum Brandraum wird verringert – Funkverbindung wird nochmals überprüft – Arbeitsbedingungen bleiben nahezu konstant – Trupp kann sich nochmals organisieren	

6.2 Antiventilationstaktik

Je mehr Luftsauerstoff dem Feuer entzogen wird, desto ineffizienter wird die Verbrennung. Auf diese Gesetzmäßigkeit bezieht sich die so genannte Antiventilationstaktik. Durch die Antiventilationstaktik soll demnach der Versuch gestartet werden, das Mischungsverhältnis zwischen Luftsauerstoff und Brennstoff effektiv zu stören. Hierzu hat der vorgehende Trupp genau genommen nur eine Möglichkeit: das Schließen der Brandraumtür. Hieraus lässt sich ableiten, dass diese Taktik nur dann funktionieren kann, wenn keine weiteren Öffnungen im Brandraum vorhanden sind, über die dem Feuer Luftsauerstoff zugeführt werden kann. Sind weitere Öffnungen vorhanden, so wird die Antiventilationstaktik nicht funktionieren.

Stellt sich die Situation im Innenangriff jedoch derart dar, dass die Brandraumtür die einzige Öffnung zum Brandraum darstellt, so führt das Schließen der Tür in der Regel schon nach wenigen Sekunden zu einer deutlichen Reduzierung der Verbrennungsge-

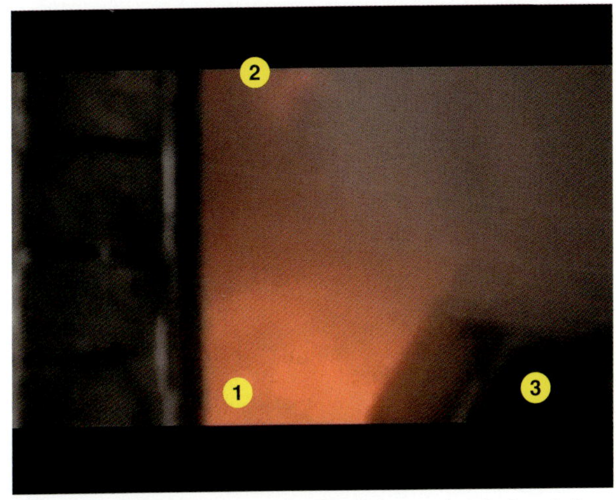

Bild 46a: Brandraumzustand vor Durchführung der Antiventilationstaktik
① Flammenschein ist deutlich wahrzunehmen. Ein Drittel des Brandraumes
   steht in Brand.
② Die Flammen reichen bis zur Decke.
③ vorgehender Trupp

schwindigkeit, da ein fortentwickelter Raumbrand sehr viel Sauerstoff zur Aufrechterhaltung der Verbrennungsreaktion benötigt.
Das Bild 46a zeigt den Brandraumzustand vor Durchführung der
Antiventilationstaktik bei einer Heißausbildung. Es kann sehr
schön beobachtet werden, dass das Flammenvolumen in wenigen
Sekunden merklich abnimmt, nachdem die Brandraumtür geschlossen wurde (Bild 46b).

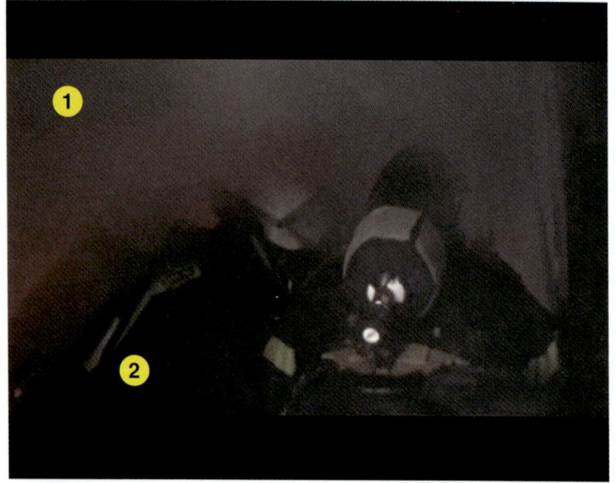

Bild 46b: Brandraumzustand nach Durchführung der Antiventilations-taktik
① Flammenschein ist fast nicht mehr zu erkennen.
② vorgehender Trupp

Da der vorgehende Trupp in der Regel keine Kenntnis darüber hat, ob noch weitere Öffnungen (z. B. geplatzte Fensterscheiben, durchgebrannte Dachhaut) im Brandraum vorhanden sind, wird diese Taktik in folgenden Situationen empfohlen:

– ein Sicherheitsbereich muss geschaffen werden,

– der Trupp muss sich nochmals organisieren (z. B. Schlauchre-serve sichern),

– die Brandraumtemperatur soll durch das Türöffnungsverfah-ren heruntergekühlt werden.

124

Soll die Antiventilationstaktik zur Anwendung kommen, so muss die Brandraumtür einige Sekunden geschlossen bleiben. Der Autor rät bei einer normalen Raumgröße die Brandraumtür zwischen 30 und 60 Sekunden geschlossen zu halten. An die Antiventilationstaktik knüpft dann das Türöffnungsverfahren an. Wird der Brandraum nach dem Türöffnungsverfahren begangen, so sind oftmals nur leise Brandgeräusche zu hören und ein geringes Flammenvolumen ist erkennbar. Die Brandbekämpfung kann dann effektiv aufgenommen werden.

6.3 Lauflinien und Aufenthaltsdauer

In diesem Kapitel werden die für den Innenangriff relevanten Aufenthaltsbereiche und die damit verbundenen Vor- und Nachteile näher betrachtet. Die diskutierten Bereiche werden zur Veranschaulichung in den bereits bekannten Grundriss der Doppelhaushälfte eingezeichnet.

Stellen Sie sich folgende Situation vor: Ein Angriffstrupp geht zur Brandbekämpfung im Innenangriff vor, das Feuer befindet sich im ersten Obergeschoss. Der Angriffstrupp geht die Treppe hoch und sieht ein vollständig verrauchtes Geschoss. Zudem nimmt er eine gut spürbare Wärmeentwicklung war. Da der Brandherd nicht sofort lokalisiert werden kann, verbleibt der Trupp in kniender Position auf den letzten Stufen der Treppe. Plötzlich zünden die Rauchgase durch. Der Druck erfasst den Angriffstruppmann. Dieser kann das Gleichgewicht nicht halten und fällt zurück. Beim Zurückfallen verletzt er den Angriffstruppführer, der den

Pressluftatmer des Angriffstruppmannes ins Gesicht geschlagen bekommt. Der Trupp fällt die Treppe herunter. Bedingt durch die Rauchgasdurchzündung und der damit verbundenen Volumenausdehnung des Brandrauches breitet sich dieser bis ins Erdgeschoss aus. Der Sturz des Angriffstrupps endet am Treppenaufgang im Erdgeschoss. Auch hier ist nun alles verraucht und es ist eine deutliche Wärme wahrzunehmen. Der Truppmann ist bei Bewusstsein und versucht orientierungslos das Gebäude schnellstmöglich zu verlassen. Nachdem er zufällig einen Ausgang gefunden hat, stellt er fest, dass der Truppführer noch im Gebäude sein muss. Dieser liegt bewusstlos am Treppenaufgang zum ersten Obergeschoss. Die beschriebene Situation hat so stattgefunden.

Hieraus leiten sich folgende Grundsätze für den Innenangriff ab:
– Der Aufenthalt auf Treppen muss so kurz wie möglich gehalten werden.
– Der Trupp kühlt ein thermisch deutlich beaufschlagtes Geschosses vom darunter liegenden Geschoss aus. In der Regel ist dies dann der Fall, wenn das Geschoss stark verraucht und der Brandrauch sehr heiß ist.
– Erreicht der Angriffstrupp das Geschoss in dem es brennt, so hält er sich nicht unmittelbar vor der nach unten führenden Treppe auf.

Wurde der Brandraum lokalisiert und eventuell ein Türöffnungsverfahren durchgeführt, so sollte der Trupp den Brandraum nur soweit betreten, dass der Löschwasserstrahl möglichst alle Bereiche des Brandraumes erreichen kann. Oftmals reicht es hierzu aus, dass der Trupp unmittelbar im Türbereich die Brandbekämpfung aufnimmt. Der Aufenthalt im Türbereich bietet folgende Vorteile:

- Ein schneller Rückzug aus dem Brandraum ist möglich, da nur eine kurze Wegstrecke zurückzulegen ist.
- Bei einer eintretenden kritischen Situation kann unter Umständen die Brandraumtür geschlossen werden (Aufgabe des Truppführers). Dies ist auch insofern gut möglich, da die Schlauchleitung beim Verlassen des Raumes leicht mitgeführt werden kann und das Schließen der Tür durch die Schlauchrücknahme nicht verzögert wird.

Nachdem das Feuer unter Kontrolle gebracht wurde, führt das Öffnen der Fenster und das damit einhergehende Abströmen von Rauchgasen und Wasserdampf in aller Regel zu besseren Bedingungen für die Brandbekämpfung. Nach dem Grundsatz der Fortbewegung entlang der Wand öffnet der Trupp die im Brandraum befindlichen Fenster.

Im Bild 47 wird in der linken Gebäudehälfte das richtige Vorgehen (gelb) und in der rechten Gebäudehälfte ein falsches Vorgehen (rot) dargestellt.

6.4 Das Zwei-geschlossene-Türen-Prinzip

Aufgrund der Effektivität bei der Brandbekämpfung und Menschenrettung ist der Innenangriff grundsätzlich die Taktik erster Wahl. Im Folgenden soll gezeigt werden, dass der Außenangriff unter bestimmten Voraussetzungen eine gute Alternative zum In-

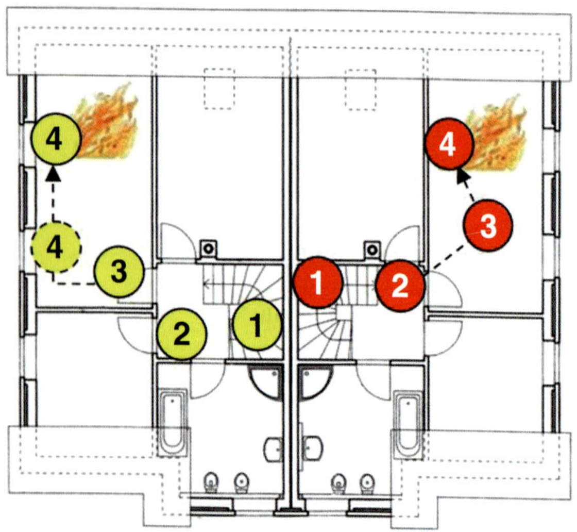

Bild 47: Aufenthaltsbereiche im Rahmen der Brandbekämpfung im Innenangriff

Linke Gebäudehälfte – richtiges Vorgehen (gelb):

① Der Aufenthalt auf der Treppe ist so kurz wie möglich zu halten.

② Nicht vor der Treppe aufhalten.

③ Der Aufenthalt im Türbereich stellt einen guten Kompromiss zwischen der Möglichkeit der Brandbekämpfung und einem kurzen Rückzugsweg dar.

④ Nachdem das Feuer unter Kontrolle gebracht wurde, bewegt sich der Trupp entlang der Wand und öffnet die Fenster.

Rechte Gebäudehälfte – falsches Vorgehen (rot):

① Der Trupp hält sich länger auf der Treppe auf.

② Der Trupp geht vor dem Treppenabgang in Stellung.

③ Der Trupp nimmt nicht im Türbereich die Brandbekämpfung auf.

④ Der Trupp bewegt sich nicht entlang der Wände. Es werden keine Fenster geöffnet.

128

nenangriff darstellt. Grundsätzlich ist ein Innenangriff vertretbar, soweit dieser hinsichtlich des Risikos kalkulierbar und das Risiko vertretbar ist. Hierbei wird nicht nur der Einheitsführer, sondern auch der im Innenangriff eingesetzte Trupp in die Verpflichtung genommen, die Lage kontinuierlich zu beurteilen. So kann ein Entschluss aufgrund der Beurteilung auch derart aussehen, dass der Trupp sich aus dem Gebäude zurückzieht und ein Außenangriff vorgenommen wird, um das Risiko kalkulierbar bzw. vertretbar zu machen.

In welchen Situationen sollte sich der Trupp im Innenangriff zurückziehen? Was gilt es hierbei zu beachten? Wie sollte sich der Trupp verhalten, wenn ein Außenangriff eingeleitet werden muss? Diese Fragen werden im Folgenden diskutiert und im Bild 48 visualisiert.

Der Autor rät insbesondere in folgenden Situationen den Innenangriff abzubrechen und den sofortigen Rückzug anzutreten:
- schlagartiges Verdampfen des Löschwassers direkt am Hohlstrahlrohr,
- Ausgasen von in Bodennähe befindlichen Gegenständen sowie
- ausgasender Fußboden.

Weitere Gründe für einen sofortigen Rückzug sind technische Defekte z. B. am Pressluftatmer, Funkgerät oder Hohlstrahlrohr sowie folgende Situationen:
- Abbruch der Funkverbindung,
- körperliche Beeinträchtigungen relevanter Art,
- Luftvorrat zu einem Drittel verbraucht,
- großes Rauchvolumen in Kombination mit deutlich spürbarer Wärmestrahlung,

- Löschwasserabgabe führt zu keiner merklichen Verbesserung der Situation,
- Überforderung mit der vorgefundenen Situation.

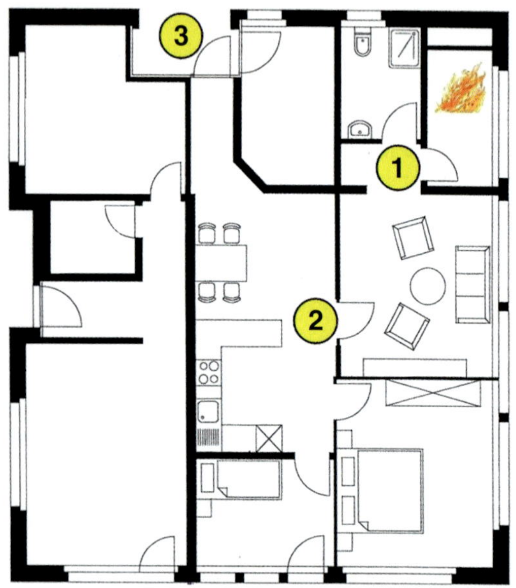

Bild 48: Verhalten beim Rückzug

① Soweit möglich, ist beim Rückzug die Tür zum Brandraum zu schließen.

② Die nächste Tür führt im Beispiel auf den »Flur« und wird ebenfalls geschlossen.

③ Ist der Trupp gezwungen, sich weiter zurückzuziehen, kann er auch die folgende Tür (im Beispiel die Eingangstür zur Wohneinheit) schließen.

Was muss nun beim Rückzug beachtet werden? Gehen wir davon aus, dass der Trupp bis zum Brandherd vorgedrungen ist, die Situation aber nicht unter Kontrolle gebracht werden kann oder zusehens kritischer wird. Der Truppführer entscheidet sich für den Rückzug. Unter dem Aspekt der Sicherheit empfiehlt der Autor in einer solchen Lage – soweit die Situation dies zulässt – beim Rückzug die Tür zum Brandraum zu schließen und der Schlauchleitung folgend an der nächsten Tür des Rückzugsweges in Stellung zu gehen. Auch diese Tür wird geschlossen und als »Barriere« zwischen Feuer und Angriffstrupp genutzt. Hieraus leitet sich ab, dass die Schlauchleitung zurückgenommen werden muss, da sich die Tür ansonsten nicht schließen lässt. Nach der zweiten geschlossenen Tür bietet sich eine gute Gelegenheit, den Einheitsführer über den Rückzug zu informieren. Ist der Trupp gezwungen, sich weiter zurückzuziehen, so folgt er dem oben beschriebenen Prinzip und begibt sich zur nächsten Tür. In unserem Beispiel handelt es sich hierbei um die Eingangstür zur Wohneinheit. Auch diese Tür wird geschlossen. Der Trupp befindet sich nun im Freien oder im Treppenraum (Bild 48).

Lässt sich die im Bild 48 dargestellte erste Tür (Brandraumtür) nicht schließen, so besagt die Regel, dass sich der Trupp über die Tür 2 (erste geschlossene Tür) zur Tür 3 (zweite geschlossene Tür) zurückzieht.

In vielen Fällen befindet sich der Trupp bereits nach zwei geschlossenen Türen im Freien oder im Treppenraum. Befolgt man das Prinzip, dass sich grundsätzlich zwei geschlossene Türen zwischen dem Brandraum und dem Aufenthaltsort des Trupps befinden, bedeutet dies bei einigen Wohneinheiten aber auch, dass sich der Trupp von einem Geschoss in ein anderes zurückziehen muss.

Die beschriebene Vorgehensweise kann gleichfalls bei einem Taktikwechsel vom Innenangriff zum Außenangriff gewählt werden. Grundsätzlich ergeben sich durch das Prinzip der zwei geschlossenen Türen folgende Vorteile:

- Die Ausbreitung von Feuer und Rauch wird erschwert.
- Der Trupp bleibt handlungsfähig, da die Schlauchleitung grundsätzlich zurückgenommen wird.
- Die einfache und klare Vorgehensweise ist in der Theorie und Praxis einfach zu vermitteln.
- Nach der zweiten geschlossenen Tür bietet sich die Gelegenheit, den Einheitsführer über den Rückzug zu informieren.
- Sollte kurzfristig ein Außenangriff eingeleitet werden, so ist der Trupp durch zwei geschlossene Türen vor dem sich ausbreitenden Wasserdampf geschützt.
- Die Gefahr des Zerstörens der Schlauchleitung aufgrund von Wärmeeinwirkung wird reduziert, da diese zurückgenommen wird.
- Der Trupp zieht sich strukturiert und etappenweise zurück.

7 Der Atemschutznotfall

7.1 Die zwei Hauptphasen

Eine standardisierte Handlungsabfolge für einen Atemschutznotfall zu definieren ist eine äußerst komplexe Aufgabe. Das Ziel dieses Kapitels ist es daher, Anregungen für die Planung von Rettungskonzepten und die Durchführung von Übungen zu geben. Der zeitliche Verlauf vom Beginn bis zum Ende eines Atemschutznotfalles gliedert sich für die planerische Herangehensweise in zwei Hauptphasen: die Notfallphase 1 und die Notfallphase 2 (Bild 49).

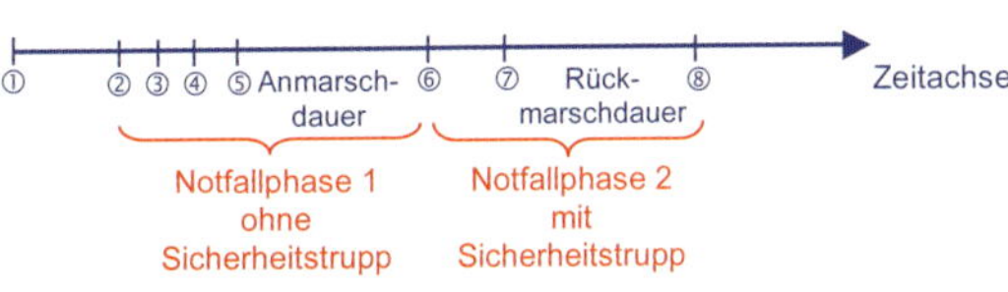

Bild 49: Zeitlicher Verlauf eines Atemschutznotfalls
① Trupp geht zum Innenangriff vor
② Eintritt der Notfallsituation
③ Erkennen der Notfallsituation
④ Absetzen des Mayday-Funkspruches
⑤ Auftrag an den Sicherheitstrupp
⑥ Eintreffen des Sicherheitstrupps
⑦ Beginn der Rettungsmaßnahmen
⑧ Übergabe an den Rettungsdienst

Aus dieser vereinfachten Darstellung können nachstehende Thesen aufgestellt werden:

- je später die Notfallsituation erkannt wird und/oder
- je später der Mayday-Funkspruch an den Einheitsführer abgegeben wird und/oder
- je ungenauer der Mayday-Funkspruch an den Einheitsführer abgegeben wird und/oder
- je später der Sicherheitstrupp entsandt wird und/oder
- je später der Sicherheitstrupp eintrifft und/oder
- je später der Beginn der Rettungsmaßnahme eingeleitet wird

desto später ist der Zeitpunkt der Beendigung der unter Umständen zeitkritischen Rettungsmaßnahme.

Warum werden diese selbstverständlichen Informationen dargestellt? Die meisten Konzepte für den Atemschutznotfall betrachten nahezu ausschließlich die oben dargestellte 2. Phase. Für diese Rettungskonzepte gibt es in der Regel eine entsprechende Ausrüstung und Handlungsanweisung für den Sicherheitstrupp. In den meisten Fällen gibt es jedoch keine Handlungsanweisung für den Angriffstruppmann und/oder Angriffstruppführer für eine Notfallsituation. Da in der Phase 1 durch falsches Handeln der Beginn der Phase 2 erheblich verzögert werden kann, darf die Phase 1 nicht vernachlässigt werden. Nachstehend wird ausschließlich auf die Phase 1 und somit auf das Verhalten des Angriffstrupps in einer Notfallsituation eingegangen. Bereits an dieser Stelle stellt sich eine sehr wichtige Frage: Was ist denn überhaupt eine Notfallsituation? Haben Sie für sich schon einmal definiert, wann eine Notfallsituation nach Ihrem Verständnis vorliegt? In zahlreichen Gesprächen mit Feuerwehrangehörigen habe ich diese Frage gestellt und war überrascht, wie hoch die Messlatte für die Definition eines Notfalles liegt.

Die SMS-Regel stellt eine beispielhafte, einfache Handlungsanweisung für den Angriffstrupp dar, der in eine Notfallsituation geraten ist. Bei der Erstellung der SMS-Regel wurde von einer kritischen Situation während der Brandbekämpfung ausgegangen. Diese Situation und die Anforderungen an die SMS-Regel sollen für das bessere Verständnis kurz dargestellt werden:

- Der Angriffstrupp befindet sich zum Zeitpunkt der Notfallsituation im Brandraum.
- Es handelt sich um einen fortentwickelten Brand mit erheblicher Wärmefreisetzung.
- Der fortentwickelte Brand erlaubt keine Unterbrechung der Löschmaßnahmen.
- Der Brandrauch führt zu einer erheblichen Sichtbehinderung.
- Es wird davon ausgegangen, dass ein Truppmitglied komplett ausfällt und bei den Rettungsmaßnahmen nicht mehr unterstützend tätig werden kann.
- Es muss eine einfache Regel sein, die in einer enormen Stresssituation angewandt werden kann.

Praxistests mit realistischen Umgebungsbedingungen haben gezeigt, dass die SMS-Regel eine gute Handlungsanweisung für die oben beschriebene Situation darstellt. Es sei an dieser Stelle jedoch deutlich darauf hingewiesen, dass auch die SMS-Regel regelmäßig in Theorie und Praxis geschult werden muss, um eine Handlungssicherheit bei den Feuerwehrangehörigen zu erreichen. Es wird kein Anspruch darauf erhoben, dass die gezeigte

Vorgehensweise die einzig richtige ist. Die SMS-Regel soll lediglich eine Hilfestellung sein.

Als »Worst-Case«-Szenario wurde bei der Erstellung der SMS-Regel angenommen, dass eine Einsatzkraft des vorgehenden Trupps im Brandraum bewusstlos wird. Durch dieses Szenario wird zugrunde gelegt, dass die verunglückte Einsatzkraft an der Rettungsaktion nicht aktiv mitwirken kann. Im Brandhaus wurden Übungsteilnehmer bei Umgebungstemperaturen von zirka 800 °C diesem Szenario ausgesetzt. Die Handlungsabfolgen waren hier äußerst unterschiedlich. Die nachstehende Aufzählung stellt beispielhaft die unterschiedlichen Handlungsabfolgen der Übungsteilnehmer dar. Die nicht verunglückte Einsatzkraft

- begann unverzüglich mit der Rettung, wodurch kein Mayday-Funkspruch abgegeben wurde,
- nahm bedingt durch die Rettung keine Funksprüche entgegen,
- stellte die Brandbekämpfung ein bzw. nahm die Brandbekämpfung nicht auf, wodurch die Situation verschärft wurde,
- gab den Versuch, einen Notruf abzusetzen, auf, da der laufende Funkverkehr dies nicht zuließ.

Bei der Annahme dieses Szenarios wird davon ausgegangen, dass bei einer eintretenden Bewusstlosigkeit des Truppmanns das geöffnete Hohlstrahlrohr nicht vollständig geschlossen wird. Durch das ausströmende Wasser und den dadurch resultierenden Wasserdampf verschärft sich die Situation zusätzlich. Aus den Erfahrungen im Brandhaus entstand die SMS-Regel.

7.2 Die SMS-Regel

Die SMS-Regel gibt das Verhalten für die nicht verunglückte Einsatzkraft vor. SMS steht für

- **S**trahlrohr sichern!
- **M**ayday absetzen!
- **S**chützen!

Strahlrohr sichern:

- Die nicht verunglückte Einsatzkraft sichert sofort das Strahlrohr.
- Sollte das Strahlrohr offen sein, muss es geschlossen werden (Gefahren der Wasserdampfbildung).
- Die Brandraumtemperatur wie auch die Wärmestrahlung auf den Trupp ist durch das Impulslöschverfahren – soweit möglich – zu kontrollieren. Sollte dies nicht gelingen, so ist der Brandraum unverzüglich zu verlassen.

Mayday absetzen:

Die nicht verunglückte Einsatzkraft gibt nach Feuerwehr-Dienstvorschrift (FwDV) 7 »Atemschutz« die Notfallmeldung ab:

mayday; mayday; mayday
   <Funkrufname>
   <Standort>
   <Lage>
mayday – kommen!

Schützen:

Eine detaillierte Vorgabe, durch standardisiertes Verhalten die Maßnahmen der nicht verunglückten Einsatzkraft vorzuschreiben, kann in einer solchen Lage nicht zweckmäßig sein. In Abhängigkeit der Notfallsituation muss hier grundlegend unterschieden werden, ob

- die nicht verunglückte Einsatzkraft in der Lage ist, die verunglückte Einsatzkraft alleine aus dem Gefahrenbereich retten zu können oder
- der Sicherheitstrupp zur Rettung eingesetzt werden muss.

Die beispielhaften Vorgaben für das standardisierte Verhalten bei einem Atemschutznotfall sind nachstehend aufgelistet:

- Der Sicherheitstrupp übernimmt die Rettungsmaßnahmen, die nicht verunglückte Einsatzkraft schützt den Trupp durch Löschmaßnahmen (Kontrolle der Brandraumtemperatur und Reduzierung der Wärmestrahlung auf den Trupp) und unterstützt die Einsatzleitung bzw. den Sicherheitstrupp bei der Rettungsaktion durch Übermittlung von Informationen soweit dies die Situation zulässt.
- Muss eine sofortige Rettung der verunglückten Einsatzkraft durch die nicht verunglückte Einsatzkraft eingeleitet werden, hat dies selbstverständlich Vorrang vor den o. g. Löschmaßnahmen.
- Grundsätzlich wird während/nach der Rettungsaktion die Schlauchleitung aus dem Brandraum mitgenommen, soweit dies die Situation zulässt. Ansonsten besteht die Gefahr, dass der Schlauch durch Wärmeeinwirkung platzt und sich die Situation durch die Wasserdampfbildung verschärft.

– Grundsätzlich wird während/nach der Rettungsaktion die
  Brandraumtür geschlossen, um der Ausbreitung von Feuer
  und Rauch entgegenzuwirken.

Die Bilder 50a bis 50e veranschaulichen das Verhalten nach der
SMS-Regel.

Vorteile der SMS-Regel:
– Bei nicht geschlossenem Hohlstrahlrohr wird der Entstehung
  von Wasserdampf vorgebeugt.
– Die Brandraumtemperatur wird in Abhängigkeit der Lage wei-
  terhin kontrolliert.
– Der Notruf wird frühzeitig abgesetzt.
– Die nicht verunglückte Einsatzkraft ist in Abhängigkeit der
  Lage über Funk erreichbar.
– Der Ausbreitung von Feuer und Rauch wird durch das Schlie-
  ßen der Brandraumtür entgegengewirkt.
– Die bereits verlegte Leitung kann unter Umständen (in Abhän-
  gigkeit der Lage) für den nächsten Angriff genutzt werden.

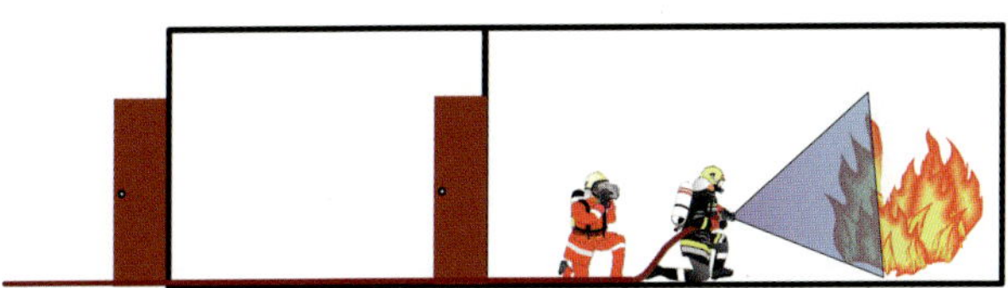

Bild 50a: Trupp im Innenangriff

Bild 50b: Eintretender Notfall

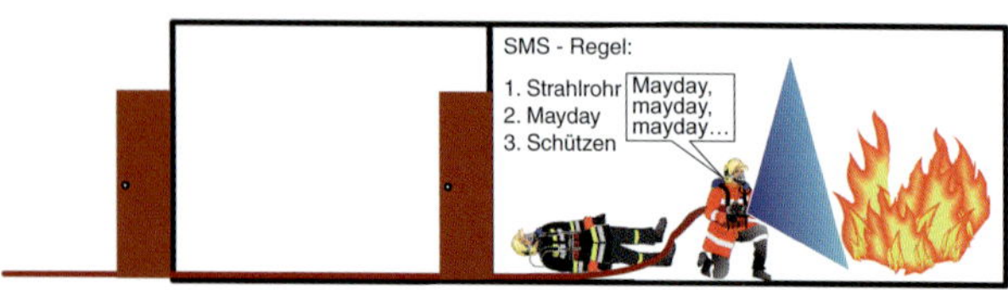

Bild 50c: Strahlrohr wird gesichert. Mayday wird abgesetzt.

Bild 50d: Strahlrohrführer schützt durch kontrollierte Wasserabgabe und zieht sich mit dem Sicherheitstrupp zurück

Bild 50e: Brandraumtür wird – soweit möglich – geschlossen

8 Türöffnungsverfahren

Das Öffnen einer Brandraumtür ist ein äußerst heikler Moment während der Brandbekämpfung, da ein dem vorgehenden Trupp unbekannter Systemzustand verändert wird. Bei nicht geschulten Einsatzkräften können die Handlungsabläufe bei der Türöffnungsprozedur mitunter

- unwirtschaftlich im Sinne der Aufgabenverteilung,
- gefährlich hinsichtlich der Löschtaktik,
- ineffizient aufgrund falscher Hohlstrahlrohreinstellungen,
- zeitintensiv, bedingt durch Unsicherheiten des vorgehenden Trupps,
- hektisch, verursacht durch stressauslösende Faktoren,
- ineffizient hinsichtlich der eingesetzten Löschwassermenge,
- unvorbereitet aufgrund mangelnder Kommunikation im vorgehenden Trupp

sein. Das nachstehend dargestellte Türöffnungsverfahren, das in die Vorbereitungs- und in die Eindringphase unterteilt wird, soll ein Beispiel für ein standardisiertes Türöffnungsverfahren sein, bei dem die Sicherheit der vorgehenden Trupps oberste Priorität hat.

Vorab sollen jedoch zwei bekannte Grundsätze zum Türöffnungsverfahren genannt werden:

– Ein kurzer Blick in den Brandraum hilft bei der Entscheidung, ob ein Türöffnungsverfahren angebracht ist. Bei unkritischen Türen können hierdurch oftmals Verzögerungen vermieden werden.
– Jede kritische Brandraumtür sollte durch ein Türöffnungsverfahren geöffnet werden.

8.1 Vorbereitungsphase

Die Aufgabenverteilung für den vorgehenden Trupp kann wie folgt standardisiert werden: Der Truppmann ist für das »Strahlrohrmanagement«, der Truppführer für das »Tür- und Fenstermanagement« verantwortlich. Im Sinne dieser Aufgabenverteilung hat der Truppmann die nachfolgenden Handlungsabläufe umzusetzen:

– Sicherstellung einer ausreichenden Schlauchreserve,
– Überprüfung des Hohlstrahlrohres,
– Wasserdurchflussmenge auf 100 l/min einstellen,
– Sprühstrahlwinkel einstellen,
– Druck am Strahlrohr überprüfen,
– »Bereit-Meldung« an den Truppführer.

In der Zwischenzeit übernimmt der Truppführer das »Türmanagement«, wobei die Merkregel »von unten nach oben« eine Hilfe bietet, um alle relevanten Handlungsabläufe umzusetzen. Es sei an dieser Stelle erwähnt, dass das standardisierte Verfahren dafür ausgelegt ist, unter erschwerten Bedingungen effektiv arbeiten zu können. Deshalb mag die Festlegung der einen oder anderen Verhaltensvorgabe im ersten Moment vielleicht als übertrieben erscheinen. Hierbei sollte jedoch die besondere Stresssituation berücksichtigt werden, in der ein Zurückgreifen auf standardisierte Handlungsabläufe zu einer Erhöhung der Sicherheit beitragen kann. Das Bild 51 veranschaulicht die Aufgaben des Truppmanns und Truppführers in der Vorbereitungsphase.

Der Truppführer hat an der geschlossenen Tür zum Brandraum Folgendes festzustellen bzw. umzusetzen:
- Bereitlegen des Türkeils,
- Erkundung der Temperaturbeaufschlagung der Tür,
- eventuelle Beurteilung des austretenden Rauches,
- Überprüfung, ob die Tür ohne Hilfsmittel zu öffnen ist (durch hohe Temperaturen kann die Brandraumtür verzogen sein),
- Überprüfung der Aufschlagrichtung der Tür (innen/außen, rechts/links),
- Anbringen der Bandschlinge am kurzen Ende der Türklinke,
- Druck am oberen Ende des Türblattes oberhalb der Türklinke,
- Einnehmen der Ausgangsposition für die Türöffnungsphase,
- »Bereit-Meldung« an den Gruppenführer.

Während der Truppführer mit dem Türmanagement beschäftigt ist, hält sich der Truppmann zurück, sodass der Truppführer ungehindert über die komplette Fläche der Brandraumtür arbeiten kann (siehe Bild 51).

Im Folgenden soll auf die Vorgehensweise des Truppführers bei der Umsetzung des Türmanagements näher eingegangen werden. Der Truppführer legt den Holzkeil so vor der Tür ab, dass er ihn auch unter Nullsicht ohne zeitliche Verzögerung wieder findet.

Um die Temperaturbeaufschlagung der Tür zu überprüfen, legt der Truppführer beide Handrücken so auf das Türblatt, dass er gleichzeitig Kontakt zu den seitlichen Türzargen behält. Langsam

Bild 51: Die Vorbereitungsphase. Der Truppführer übernimmt das Türmanagement, der Truppmann überprüft das Hohlstrahlrohr (hier: Knickprobe zur Überprüfung des am Hohlstrahlrohr anstehenden Druckes).

① Truppmann – Hohlstrahlrohrmanagement:
- Schlauchreserve?
- Druck? (hier nicht ausreichend!)
- Wasserdurchflussmenge?
- Sprühwinkel?

② Truppführer – Türmanagement:
- Tritt Rauch aus?
- Auf welcher Höhe tritt der Rauch aus?
- Welche Farbe hat der Rauch?
- Steigt der Rauch auf oder fällt er ab?
- In welche Richtung schlägt die Tür auf?
- Temperaturbeaufschlagung an der Tür wahrnehmbar?

144

tastet er sich auf diese Weise zur oberen Türzarge vor (siehe Bild 52). Dieses Vorgehen hat den Vorteil, dass der Truppführer beim Abtasten feststellen kann, ob die Türscharniere auf seiner Seite angebracht sind. Ist dies der Fall, so weis er, dass die Tür zum Trupp hin aufschlägt. Sind die Türscharniere nicht spürbar, so schlägt die

Bild 52: Die Vorbereitungsphase. Der Truppführer überprüft die Temperaturbeaufschlagung der Brandraumtür bis zur oberen Türzarge, der Truppmann überprüft das Hohlstrahlrohr (hier: Durchflussmengeneinstellung und Sprühstrahlwinkel).

① Der Truppmann lässt dem Truppführer ausreichend Raum zur Überprüfung der Brandraumtür. Es werden die Hohlstrahlrohreinstellungen überprüft.

② Der Truppführer überprüft die Temperaturbeaufschlagung bis zur oberen Türzarge. Durch das seitliche Abtasten des Türblattes erkundet er in der dargestellten Position die maximale Temperaturbeaufschlagung des Türblattes.

Tür zum Brandraum auf. Zudem lässt sich durch diese Vorgehensweise ergründen, an welcher Stelle sich der Türgriff (links oder rechts auf dem Türblatt) befindet, wodurch die Aufschlagrichtung der Tür (nach rechts oder nach links) abgeleitet werden kann. Ist der Türgriff erreicht, so überprüft der Truppführer, ob die Tür ohne Hilfsmittel zu öffnen ist. Hierfür versucht er die Tür einen spaltweit zu öffnen. Gelingt dies, so ist die Tür wieder zu schließen. Das Bild 53 zeigt den Blick durch eine Wärmebildkamera auf eine geschlossene Brandraumtür.

Im Rahmen des standardisierten Verfahrens tastet der Truppführer die Tür zur Kontrolle der Temperaturverteilung über die Türblatthöhe weiter bis zur oberen Türzarge ab. Lassen die Sichtverhältnisse es zu, so stellt der Truppführer fest

– ob Rauch austritt,
– welche Farbe der Brandrauch aufweist,
– welche Temperatur der Rauch hat (fällt dieser ab oder steigt er auf),
– auf welcher Höhe der Brandrauch austritt und
– ob der Rauch unter Druck aus dem Brandraum entweicht.

Bei einigen älteren Türen, die zum Brandraum aufschlagen, besteht die Möglichkeit, durch Druck am oberen Ende des Türblattes auf der Seite des Türgriffes einen kleinen Spalt zu erzeugen. Sollte im Brandraum ein Überdruck vorhanden sein, so tritt aus diesem Spalt Rauch aus, der durch den Truppführer beurteilt werden kann.

Bei Einsätzen und Übungen ist dem Autor immer wieder aufgefallen, dass die Kommunikation innerhalb des Trupps oft zu wünschen übrig lässt. So ist es keine Seltenheit, dass der Trupp-

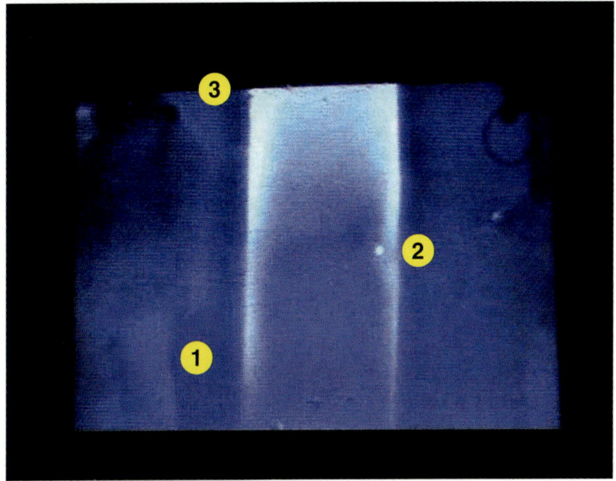

Bild 53: Blick durch die Wärmebildkamera auf eine geschlossene Brandraumtür

① Deutlich erkennbar ist die Wärmebeaufschlagung einer Tür am ehesten
zwischen Türblatt und Türzarge zu erfühlen.

② Bei älteren Türen mit »großem« Türschloss kann dieses als »Wärmefens-
ter« dienen.

③ Die Überprüfung der Wärmebeaufschlagung muss grundsätzlich bis zur
oberen Türzarge erfolgen.

mann über eine »heiße« Tür nicht informiert wurde. Eine solche
Information führt jedoch zwangsläufig zu erhöhter Aufmerksamkeit und spiegelt sich im vorsichtigeren Vorgehen des Trupps wieder. Das standardisierte Türöffnungsverfahren sieht somit vor,
dass der Truppführer dem Truppmann die wichtigsten Erkundungsergebnisse mitteilt, nachdem er die Brandraumtür überprüft
hat (Bild 54). Insbesondere bei »schlechten« Arbeitsbedingungen

Bild 54: Die Vorbereitungsphase. Der Truppführer teilt dem Truppmann die wichtigsten Erkundungsergebnisse in aller Kürze mit.

macht es Sinn, nachstehende Informationen über die Brandraumtür weiterzugeben:

- Aufschlagrichtung der Tür (nach innen bzw. nach außen),
- Temperaturbeaufschlagung der Brandraumtür sowie
- Öffenbarkeit der Tür (mit bzw. ohne Hilfsmittel).

Nachdem der Truppführer die Tür untersucht hat, befestigt er eine Bandschlinge am kurzen Teil der Türklinke. Wird die Schlinge am langen Teil des Türgriffs angebracht, so rutscht diese beim Zuziehen der Tür in der Regel ab. Ist die Bandschlinge am Türgriff angebracht, begibt sich der Truppführer in die Ausgangs-

148

stellung für die Türöffnung und gibt, nachdem er diese eingenommen hat, an den Truppmann die Bereitmeldung ab. Die gewählte Ausgangsposition garantiert, dass der Truppführer ohne Verletzungsgefahr den Oberkörper in Richtung Boden bewegen kann. Da der Truppführer seitlich auf der Hüfte liegt, besteht auch nicht die Gefahr, dass das Flaschenventil des Pressluftatmers mechanisch beansprucht wird. Die Hand am Türgriff ermöglicht zum richtigen Zeitpunkt das Öffnen der Tür, worauf später näher eingegangen wird. Ein Fuß des Truppführers ist gebeugt und hält Kontakt zum Türblatt. Dadurch hat der Truppführer in Kombination mit der Bandschlinge die Tür zum Brandraum vollständig unter Kontrolle (Bild 55).

Bei den so genannten Heißübungen zeigt sich oft ein häufig auftretender Fehler des Strahlrohrführers. Der zu große Abstand zwischen Strahlrohr und sich ergebendem Türspalt bei der Türöffnung führt dazu, dass bedingt durch den Sprühstrahl sowohl das Türblatt als auch der Truppführer mit Wasser beaufschlagt werden, wenn das Hohlstrahlrohr nicht vollständig in den Türspalt eintaucht. Die in den Brandraum eingebrachte Löschwassermenge wird dadurch erheblich reduziert und der gewünschte Kühleffekt dezimiert. Ein geringer Abstand zwischen Hohlstrahlrohr und Türspalt während der Öffnung der Brandraumtür erleichtert die Arbeit des Truppmanns, da sich dieser dann weniger bewegen muss, um das Strahlrohr effektiv einsetzen zu können. Um das Löschwasser möglichst effizient einzusetzen, muss der Sprühstrahl aufgrund der im Brandraum vorherrschenden Temperaturverteilung gegen den Deckenbereich gerichtet sein.

Bild 55: Die Vorbereitungsphase. Ausgangsstellung für die Türöffnung. Die Tür schlägt zum Trupp hin auf.

① Das Hohlstrahlrohr befindet sich unmittelbar vor dem sich beim Öffnen bildenden Türspalt und ist zur Decke gerichtet.

② Durch eine leichte Aufrichtbewegung des Körpers kann das Hohlstrahlrohr effizient in den Brandraum eingeführt werden.

③ Die Türfalle wird nach unten »gedrückt«, sodass die Brandraumtür auf Kommando unverzüglich geöffnet werden kann.

④ Die Bandschlinge wird *nicht* um die Hand gewickelt, damit eine unkontrollierte Druckerhöhung im Raum (und dadurch unter Umständen schnelle Bewegung des Türblattes) zu keinen Verletzungen führt.

8.2 Eindringphase

Die Eindringphase ist der Zeitpunkt, zu dem die Brandraumtür geöffnet wird. Für diese Phase wird ein standardisierter Kommunikationsablauf vorgeschlagen. Nachdem sowohl der Truppmann als auch der Truppführer die »Bereitmeldung« abgegeben haben, beginnt der *Truppmann* mit der standardisierten Kommunikation nach Tabelle 16.

Tabelle 16: Standardisierte Kommunikation des Trupps während der Eindringphase

Kommando Truppmann	Tätigkeit des Truppmanns	Tätigkeit des Truppführers
»21«		
»22«		Türgriff nach unten drücken
»23«		
»Tür auf«		spaltweises Öffnen der Tür, Oberkörper nach unten
»21«	Hohlstrahlrohr öffnen	
»22«	Hohlstrahlrohr schließen	
»23«	Hohlstrahlrohr öffnen	
»Tür zu«	Hohlstrahlrohr schließen	Tür schließen
»21«		Ausgangsstellung einnehmen
»22«		
»23«		Türgriff nach unten drücken
»Tür auf«		spaltweises Öffnen der Tür, Oberkörper nach unten
»21«	Hohlstrahlrohr öffnen	
»22«	Hohlstrahlrohr schließen	
»23«	Hohlstrahlrohr öffnen	

Kommando Truppmann	Tätigkeit des Truppmanns	Tätigkeit des Truppführers
»Tür zu«	Hohlstrahlrohr schließen	Tür schließen
»21«		Position zum Eindringen in den Brandraum einnehmen
»22«		Bandschlinge um die Tür legen
»23«		Türgriff nach unten drücken
»Tür auf«		vollständiges Öffnen der Tür

Hinweis: Die Kommandos in der linken Spalte sind im Sekundentakt auszusprechen!

In der im Bild 56 dargestellten Position ist es dem Truppführer möglich, den Brandraum zu erkunden. Er ist in der Lage, Informationen bewusst wahrzunehmen wie z. B. Flammenschein, Verrauchungsgrad des Brandraumes, Überdruck des Brandraumes, Rauchfarbe sowie Funktion des Raumes (Bad, Küche, Schlafzimmer usw.). Des Weiteren befindet sich der Truppmann im Sichtfeld des Truppführers, sodass gleichzeitig eine Kontrolle der Löschtaktik möglich ist.

Das standardisierte Verfahren gibt in diesem Schema vor, dass der Brandraum durch zweimaliges Öffnen der Brandraumtür mit jeweils zwei Sprühimpulsen für die Dauer von jeweils einer Sekunde zu kühlen ist. Die dritte Türöffnung dient dem eigentlichen Eindringen des Trupps in den Raum. Da das Hohlstrahlrohr auf eine Wasserdurchflussmenge von 100 l/min eingestellt ist, und da es sowohl bei der ersten als auch bei der zweiten Türöffnung jeweils für zirka zwei Sekunden geöffnet wird, ergibt dies für die beiden Türöffnungsphasen eine Löschmittelabgabe von zirka 6,6 Litern Wasser. Der daraus resultierende Wasserdampf nimmt – je nach Verdampfungsanteil – ein Volumen von bis zu 11,3 Kubikmetern ein. Ein großer Vorteil der standardisierten Kommunikation besteht darin, dass die Einsatzkräfte nach der Kühlung der

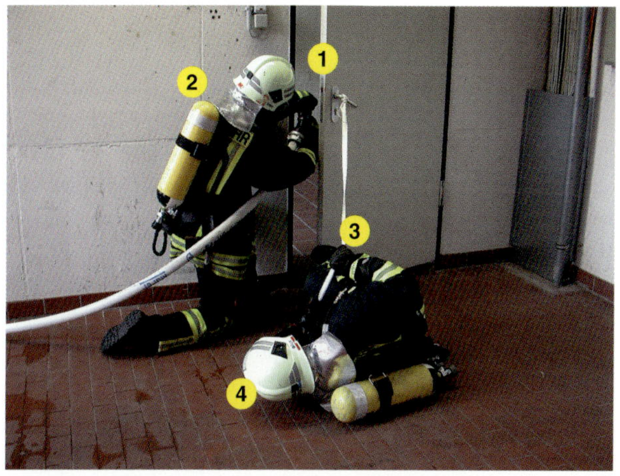

Bild 56: Die Eindringphase. Situation der ersten und zweiten Türöffnung.

① Das Hohlstrahlrohr wird so weit in den Brandraum eingeführt, dass 100 Prozent des applizierten Löschwassers in den Brandraum gelangen.

② Durch eine leichte Aufrichtbewegung des Körpers kann das Hohlstrahlrohr effizient in den Brandraum eingeführt werden. Auf einen sicheren Stand ist zu achten, da die Rückstoßkräfte aufgenommen werden müssen.

③ Durch das an der Brandraumtür befindliche Bein wird diese im Bedarfsfall zugedrückt.

④ Diese Position hat für den Truppführer folgende Vorteile:
- Truppmann ist im Sichtfeld,
- Kontrolle der Löschtaktik,
- Erkundung des Brandraumes,
- maximale Sicherheit.

Rauchgase die Tür für zirka drei Sekunden geschlossen halten und das Wasser somit seine kühlende Wirkung entfalten kann.

Nach der ersten Türöffnung verbleibt der Truppführer in der im Bild 55 dargestellten Position und drückt die Tür zu. Nach mehrmaligem Üben ist es dem Truppführer möglich, die Tür derart zu schließen, dass sie nicht ins Schloss fällt und somit ein zweites Öffnen der Tür sehr einfach möglich ist. Der Truppmann geht in die im Bild 56 dargestellte Ausgangsposition für die zweite Türöffnung zurück.

Das Kommando »Abbruch«, das sowohl vom Truppführer als auch vom Truppmann gegeben werden darf, führt dazu, dass der Truppmann das Hohlstrahlrohr schließt und aus dem Türspalt zieht und der Truppführer die Tür schließt. Nachdem der Truppmann und der Truppführer die erneute »Bereitmeldung« abgegeben haben, beginnt die Türöffnungsprozedur von vorn.

Hinsichtlich der Kühlphasen sei an dieser Stelle noch angemerkt, dass die Anzahl der Kühlphasen von der Größe des Raumes abhängt. Je größer ein Raum ist, desto öfter sollte er vor dem Eindringen gekühlt werden. Bei einer durchschnittlichen Raumgröße reicht die hier vorgeschlagene Prozedur in der Regel aus. Nachdem der Trupp den Raum gekühlt hat, dringt er in diesen ein. Hierfür öffnet der Truppführer auf das Kommando des Truppmanns »Tür auf« die Tür vollständig, sodass der Truppmann ungehindert in den Raum vordringen und den Temperaturcheck durchführen kann (Bild 57).

Während der Truppmann die Temperatur kontrolliert und die Brandbekämpfung aufnimmt, unterkeilt der Truppführer die Tür und entfernt die Bandschlinge von der Türklinke. Solange dieser Arbeitsschritt andauert, verbleibt der Truppmann im Türbereich.

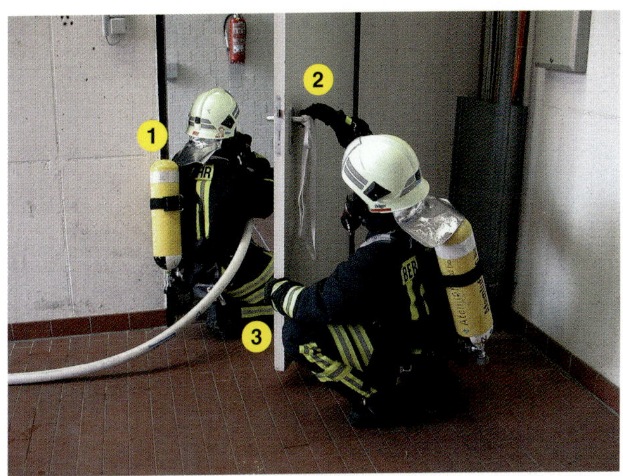

Bild 57: Die Eindringphase. Der Truppführer öffnet und verkeilt die Tür, der Truppmann führt den Temperaturcheck durch und nimmt die Brandbekämpfung auf.

① Der Truppmann begibt sich unter die Türzarge, sodass er von dieser Position aus den Raum möglichst in Gänze einsehen und mit dem Löschwasserstrahl erreichen kann.

② Der Truppführer entfernt die Bandschlinge und nimmt sie für die nächste Tür mit.

③ Der Truppführer hält die Brandraumtür aufgrund des vorhandenen Türschließers fest, damit der Truppmann durch das Zurücklaufen der Tür nicht gestört wird.

Diese standardisierte Regel verfolgt das Ziel, dass der Trupp zum einen zusammenbleibt und zum anderen der Truppmann einen kurzen Rückzugsweg in einen sichereren Bereich hat. Der Truppmann gibt die Tür soweit frei, dass der Truppführer ungehindert arbeiten kann.

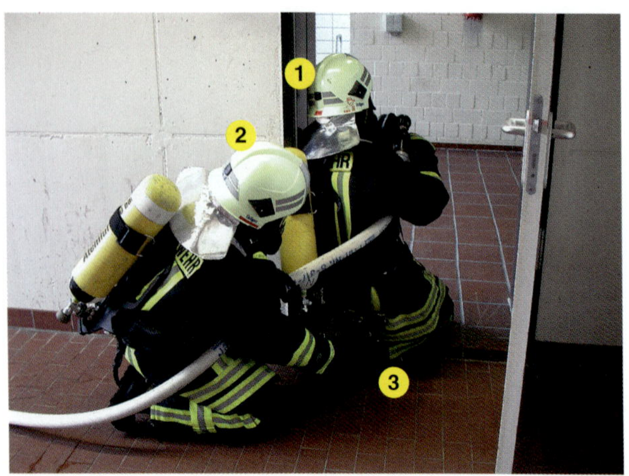

Bild 58: Die Eindringphase. Der Truppführer signalisiert dem Truppmann das »go« für das Eindringen in den Brandraum.

① Während der Truppführer seine Aufgaben des Türmanagements abarbeitet, konzentriert sich der Truppmann ausschließlich auf die Brandbekämpfung.

② Der Truppführer und der Truppmann befinden sich auf derselben Seite des Schlauches und haben dieselbe Grundposition. Der Truppführer orientiert sich diesbezüglich am Truppmann.

③ Der Truppführer bestätigt das »go« für das Eindringen in den Brandraum.

Hat der Truppführer die Tür verkeilt, die Bandschlinge am Mann und an den Einheitsführer über Funk gemeldet, dass der Brandraum nun durch den Trupp betreten wird, signalisiert er dies dem Truppmann durch zweimaliges Klopfen auf dessen unteren Körperbereich (Bild 58). »Schulterklopfen« kann bei hohen Temperaturen zu Verbrennungen führen!

In den bislang dargestellten Bildern in diesem Kapitel wurde das Türöffnungsverfahren einer Brandraumtür beschrieben, die zum Trupp hin aufschlägt. Das Türöffnungsverfahren einer Brand-

Bild 59:   Die Vorbereitungsphase. Ausgangsstellung für die Türöffnung. Die Tür schlägt zum Brandraum hin auf.

① Die in diesem Beispiel vorhandene »tiefe« Türzarge erschwert das Türöffnungsverfahren. Für ein eingespieltes Team ist dies trotzdem kein Problem.

② Das Hohlstrahlrohr befindet sich unmittelbar vor dem sich beim Öffnen bildenden Türspalt.

raumtür, die vom Trupp weg aufschlägt, ist identisch (Bilder 59 und 60).

Nachdem das Türmanagement abgeschlossen ist, übernimmt der Trupp im Brandraum neben der Brandbekämpfung durch den Truppmann schnellstmöglich das Fenstermanagement durch den

Bild 60:   Die Eindringphase
① Das Hohlstrahlrohr wird soweit in den Brandraum eingeführt, dass 100 Prozent des applizierten Löschwassers in den Brandraum gelangen.
② Durch eine leichte Aufrichtbewegung des Körpers kann das Hohlstrahlrohr effizient in den Brandraum eingeführt werden.
③ Durch das an der Tür befindliche Bein wird die Brandraumtür soweit geöffnet, dass der Truppmann das Löschwasser effizient in den Brandraum applizieren kann. Die Bandschlinge ist nicht um die Hand gewickelt. Durch Ziehen an der Bandschlinge kann die Tür im Bedarfsfall geschlossen werden.
④ Die Erkundung des Brandraumes ist erschwert, aber möglich.

158

Truppführer, um zu gewährleisten, dass die Rauchgase und die Wärme aus dem Brandraum abströmen können. Die Fenster werden mithilfe von Holzkeilen offen gehalten, um einer eventuell folgenden Überdruckbelüftung nicht entgegenzuwirken.

Hinweis:

Im Rahmen einer schadenarmen Einsatztaktik kann es zur Vermeidung bzw. Minimierung von Rauchschäden sinnvoll sein, einen oder mehrere mobile Rauchverschlüsse einzusetzen. Mobile Rauchverschlüsse können außerdem dazu beitragen, dass sich der Brandrauch nicht auf Rettungs- und Angriffswegen ausbreitet und erhöhen damit die Sicherheit bei der Brandbekämpfung und der Menschenrettung. Weitere Informationen zu diesem Thema sind im Roten Heft/Ausbildung kompakt »Mobiler Rauchverschluss« enthalten (siehe Literaturverzeichnis). Bezüglich des sehr komplexen Themas der »Überdruckbelüftung« wird ebenfalls auf das gleichnamige Rote Heft/Ausbildung kompakt verwiesen (siehe Literaturverzeichnis).

9 Die Aufgaben des Truppführers

In den bisherigen Kapiteln sind verschiedenste Aspekte des Innenangriffs beleuchtet worden. Vor dem Hintergrund des sicheren und effizienten Arbeitens im Innenangriff trägt der Truppführer eine besondere Verantwortung. Er ist für den Trupp verantwortlich und hat in der Regel die meisten Informationen zur Beurteilung der Lage. Für die Zusammenstellung der Aufgaben des Truppführers im Innenangriff werden die wesentlichen Ergebnisse der vorangegangenen Kapitel herangezogen und in der Tabelle 17 zusammengefasst. In der linken Spalte steht die jeweilige Kapitelüberschrift, in der rechten Spalte stehen die kapitelbezogenen Aufgaben des Truppführers.

Auf den genannten Aufgaben basierend wird im folgenden Kapitel ein modular aufgebautes Aus- und Fortbildungskonzept angeboten. Dieses Konzept berücksichtigt, dass viele kleinere Feuerwehren nicht die finanziellen Ressourcen haben, um an kostspieligen Heißausbildungen teilnehmen zu können. Daher werden nicht nur die theoretischen Themen aufgelistet, sondern auch Anreize gegeben, wie eine dazugehörige praktische Kaltausbildung aussehen kann.

Tabelle 17: Aufgaben des Truppführers

Kapitel	Abgeleitete Aufgabe
Das Hohlstrahlrohr	– Kontrolle der Auswahl des Hohlstrahlrohres – Auf Einhaltung des Grundsatzes »keine Wasserabgabe in der Fortbewegung« achten
Hohlstrahlrohr-überprüfung und -führung	– Kontrolle der Schlauchreserve – Kontrolle des Druckes (z. B. durch Knickprobe) – Kontrolle der Wasserdurchflussmenge – Kontrolle des Sprühbildes – Ansage der einzunehmenden Grundposition
Der Raumbrand	– Zuordnung des Brandes zu einer Brandverlaufskurve (Pre- bzw. Post-flash-over) – Einschätzung der Brandphase
Die RWLFU-Analyse	– Anwendung der RWF-Analyse als Hilfsmittel zur Gefährdungsbeurteilung
Taktische Vorgehensweisen	– Entscheidung zur Schaffung eines Sicherheitsbereiches – Entscheidung zur Nutzung der Antiventilationstaktik – Bestimmung der Lauflinie und Aufenthaltsdauer in den diskutierten Bereichen – Rückzugsentscheidung mit/ohne »Zwei-geschlossene-Türen-Prinzip«
Der Atemschutz-notfall	– Entscheidung zur Nutzung der SMS-Regel
Türöffnungs-verfahren	– Einordnung der zu öffnenden Tür in »kritisch« oder »nichtkritisch« – Türmanagement veranlassen/durchführen – Fenstermanagement veranlassen/durchführen

10 Ausbildungskonzept

Bei der Umsetzung des angebotenen Ausbildungskonzeptes (siehe Bild 61) sollte die Realität – insbesondere auch bei den praktischen Kaltübungen – so genau wie möglich dargestellt werden. Grundsätzlich bietet es sich hierfür an

- truppweise zu üben,
- mit dem eigenen Hohlstrahlrohr zu üben,
- mit kompletter Schutzausrüstung zu üben,
- mit Wasser am Hohlstrahlrohr zu üben,
- mit simuliertem Funkverkehr zu üben sowie
- mit Sichtbehinderung (abgedunkelte Atemschutzmasken) zu üben.

In den Kästchen zur Kurzbeschreibung der Ausbildungsinhalte für die Kaltübungen finden Sie im unteren rechten Bereich eine eingekreiste Ziffer. Diese Ziffer deutet darauf hin, dass Sie auf den nachfolgenden Seiten eine detailliertere Beschreibung der Ausbildungsinhalte finden. Die detaillierte Beschreibung beinhaltet das Groblernziel, das Feinlernziel und die so genannten Lernziele im Handlungsbereich. Die Lernziele im Handlungsbereich beinhalten die praktischen Fertigkeiten, z. B. das konkrete Handeln oder Verhalten in einer bestimmten Situation.

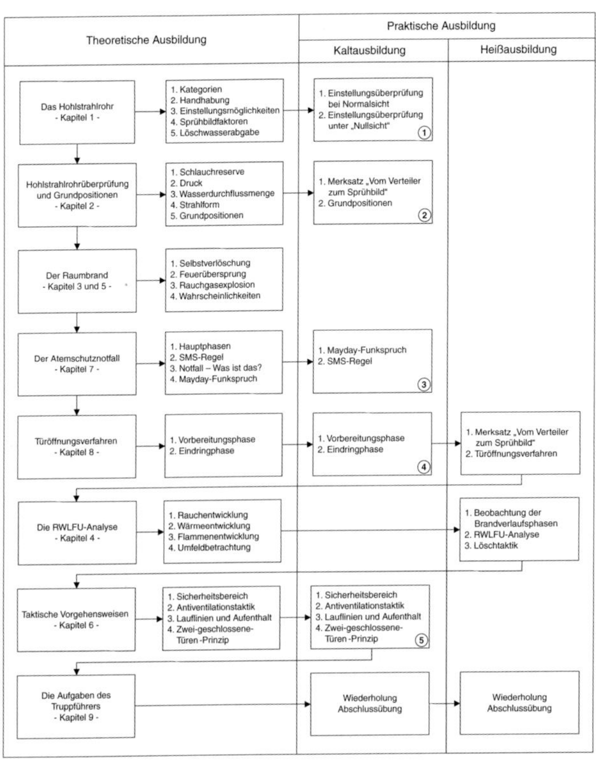

Bild 61: Ausbildungskonzept für den Innenangriff

① Das Hohlstrahlrohr

Groblernziele	Feinlernziele	Lernziele im Handlungsbereich
• Funktionsweise der vor Ort genutzten Hohlstrahlrohre	• Abgrenzung der Hohlstrahlrohrkategorien • Abgrenzung der fünf Kegel-Sprühstrahlarten und deren Wirkung • Vor- und Nachteile von Hohlstrahlrohren • Darstellung der Faktoren zur Beeinflussung des Sprühbildes • Wirkungsweise von Hohlstrahlrohren	• Wahl des richtigen Hohlstrahlrohres für den Innenangriff
• Handhabung der vor Ort genutzten Hohlstrahlrohre	• Richtige Handhabung von Hohlstrahlrohren	• Sichere Handhabung des Hohlstrahlrohres • Sicheres Einstellen der unterschiedlichen Sprühstrahlarten mit und ohne Sichtbehinderung • Zügige Fortbewegung ohne Wasserabgabe • Wasserabgabe außerhalb der Fortbewegung

② Die Hohlstrahlrohrüberprüfung und Grundpositionen

Groblernziele	Feinlernziele	Lernziele im Handlungsbereich
• Hohlstrahlrohr auf Funktionsfähigkeit und Richtigkeit der Einstellungen überprüfen • Merksatz »Vom Verteiler zum Sprühbild«	• Wichtigkeit der Schlauchreserve darstellen • Möglichkeiten der Druckkontrolle darstellen • Richtige Wahl der Wasserdurchflussmenge, Gefahren von Wasserdampf werden diskutiert • Strahlformen für den Innenangriff werden vermittelt	• Erst die Schlauchreserve sichern, dann das Hohlstrahlrohr überprüfen • Knickprobe und Druckkontrolle durch Wasserabgabe werden beherrscht • Rückstoßkräfte werden bewusst wahrgenommen • Wasserdurchflussmenge ist richtig eingestellt • Strahlform wird situationsgerecht angepasst
• Grundpositionen	• Vor- und Nachteile der jeweiligen Grundpositionen werden diskutiert • Darstellung der wesentlichen Nachteile der Liegend- und Sitzendposition	• Richtige Grundposition wird gewählt • Trupp geht bei vertretbaren Rahmenbedingungen zügig vor

③ **Der Atemschutznotfall**

Groblernziele	Feinlernziele	Lernziele im Handlungsbereich
• SMS-Regel	• Wichtigkeit des Sicherns des Hohlstrahlrohres wird vermittelt • Mayday-Funkspruch wird dargestellt • Schutz des verunfallten Truppangehörigen wird gelehrt	• Hohlstrahlrohr wird unverzüglich unter Kontrolle gebracht und Brandraumtemperatur kontrolliert • Nach der Hohlstrahlrohrsicherung wird der Mayday-Funkspruch sicher abgegeben • Schutz des verunfallten Truppangehörigen wird aufrechterhalten • Tür zum Brandraum wird – soweit möglich – geschlossen • Der nicht verletzte Truppangehörige weicht – wenn notwendig – von der SMS-Regel ab
• Hauptphasen	• Besonderheiten der Notfallphase 1 (ohne Sicherheitstrupp) werden dargestellt • Diskussion über die persönliche Definition einer Notfallsituation	• Trupp achtet kontinuierlich aufeinander (schnelles Erkennen einer Notfallsituation) • Es wird eine kontinuierliche Erreichbarkeit über Funk durch den nicht verunfallten Truppangehörigen sichergestellt

Groblernziele	Feinlernziele	Lernziele im Handlungsbereich
	• Besonderheiten der Notfallphase 2 (mit Sicherheitstrupp) werden besprochen	• Der nicht verunfallte Truppangehörige ist in der Lage, die Temperatur im Brandraum zu kontrollieren, den Kontakt zum verunfallten Truppangehörigen und zum Einheitsführer zu halten

④ Das Türöffnungsverfahren

Groblernziele	Feinlernziele	Lernziele im Handlungsbereich
• Vorbereitungsphase	• Effektive Arbeit durch effektive Arbeitsteilung • Diskussion über Definition einer kritischen Tür • Aufgaben des Truppmanns • Aufgaben des Truppführers • Ausgangspositionen der Türöffnung • Informationen werden innerhalb des Trupps kurz ausgetauscht	• Brandraumtür wird kurz geöffnet, um festzustellen, ob ein Türöffnungsverfahren angewandt werden soll • Erkundung der Temperaturbeaufschlagung der Tür • Beurteilung des austretenden Rauches • Überprüfung, ob Tür ohne Hilfsmittel zu öffnen ist • Überprüfung der Aufschlagrichtung • Anbringen der Bandschlinge am kurzen Ende der Türklinke

Groblernziele	Feinlernziele	Lernziele im Handlungsbereich
		• Sicherstellung einer ausreichenden Schlauchreserve • Überprüfung des Hohlstrahlrohres
• Eindringphase	• Standardisierte Kommunikation • Effektives Kühlen • Beurteilung des Brandraums durch den Truppführer • Anzahl der Sprühimpulse in Abhängigkeit der Raumgröße • Fenstermanagement wird diskutiert	• Standardisierte Kommunikation läuft zügig • Wasser wird effektiv in den Brandraum eingeführt • Truppführer ist in der Lage, die Raumnutzung, den Verrauchungsgrad und eventuell Flammenschein zu erkunden • Sprühimpulse werden in Abhängigkeit der Raumgröße abgegeben, bevor der Raum begangen wird • Trupp zeigt effektives Fenstermanagement

⑤ **Die taktischen Vorgehensweisen**

Groblernziele	Feinlernziele	Lernziele im Handlungsbereich
• Sicherheitsbereich	• Vor- und Nachteile des Sicherheitsbereiches werden vermittelt • Vorgehen bei der Wahl des Sicherheitsbereiches wird dargestellt • Vorbereitung des Sicherheitsbereiches wird vermittelt • Geeignete und ungeeignete Sicherheitsbereiche werden begangen und diskutiert	• Sicherheitsbereich wird nach den beschriebenen Kriterien ausgewählt • Tür zum Brandraum wird geschlossen • Fenster im Sicherheitsbereich wird geöffnet und mit einem Keil offen gehalten • Blinkleuchte wird am Fenster im Sicherheitsbereich in Stellung gebracht • Tür zum Sicherheitsbereich wird beim Verlassen des Raumes verschlossen • Einheitsführer wird über gewählten Sicherheitsbereich informiert
• Antiventilationstaktik	• Vor- und Nachteile der Antiventilationstaktik werden vermittelt • Situationen, in denen die Antiventilationstaktik eventuell angewandt wird	• Trupp wartet zwischen 30 und 60 Sekunden

Groblernziele	Feinlernziele	Lernziele im Handlungsbereich
• Lauflinien und Aufenthalt	• Aufenthaltsort Treppe wird diskutiert • Aufenthaltsort am oberen Treppenabsatz wird besprochen • Vorteile des Aufenthaltsortes im Brandraum, direkt hinter der Brandraumtür, werden dargestellt • Lauflinie zur Fensteröffnung wird vorgestellt	• Aufenthaltsdauer auf der Treppe wird so kurz wie möglich gehalten • Trupp hält sich nicht am oberen Treppenabsatz auf • Trupp hält sich nach der Türöffnung im Türbereich auf und bekämpft von dort aus das Feuer • Trupp bewegt sich entlang der Wand und öffnet die Fenster
• Zwei-geschlossene-Türen-Prinzip	• Vor- und Nachteile des Prinzips werden vermittelt • Rückzugsindikatoren werden vermittelt • Grundsätzliche Vorgehensweise wird vorgestellt	• Vor dem Schließen der ersten Tür wird – soweit möglich – der Schlauch mit zurückgenommen • Schlauch wird auf dem Weg zur zweiten Tür mitgenommen • Zweite Tür wird geschlossen • Trupp informiert den Einheitsführer über den Rückzug

11 Literaturverzeichnis

[1] DIN EN 15182-1:2010-04; Strahlrohre für die Brandbekämpfung – Teil 1: Allgemeine Anforderungen.

[2] DIN EN 15182-2:2010-04; Strahlrohre für die Brandbekämpfung – Teil 2: Hohlstrahlrohre PN 16.

[3] Eidgenössische Technische Hochschule Zürich, Professur für Bauphysik, Internet: *www.ethz.ch.*

[4] Grigull, Ulrich et al.: Concise Steam Tables in SI-Units – Properties of Ordinary Water Substance up to 1000 °C and 100 Megapascal; Third, Enlarged Edition, Springer-Verlag, Berlin, 1990.

[5] Hüsch, Frank: Türöffnung; Die Roten Hefte/Ausbildung kompakt Nr. 215, 3. Auflage, Kohlhammer-Verlag, Stuttgart, 2012.

[6] Pulm, Markus: Falsche Taktik – Große Schäden; 7. Auflage, Kohlhammer-Verlag, Stuttgart, 2012.

[7] Pulm, Markus: Wärmebildkameras im Feuerwehreinsatz; Die Roten Hefte/Ausbildung kompakt Nr. 202, 3. Auflage, Kohlhammer-Verlag, Stuttgart, 2013.

[8] Reick, Michael: Mobiler Rauchverschluss; Die Roten Hefte/Ausbildung kompakt Nr. 212, 4. Auflage, Kohlhammer-Verlag, Stuttgart, 2015.

[9] Rodewald, Gisbert: Brandlehre; 6. Auflage, Kohlhammer-Verlag, Stuttgart, 2007.

[10] Schmidt, Georg, und Schlusche, Ernst: Überdruckbelüftung;
Die Roten Hefte/Ausbildung kompakt Nr. 203, 3. Auflage,
Kohlhammer-Verlag, Stuttgart, 2014.

[11] Schneider, Ulrich: Strahlungsberechnung in Brandräumen:
Entzündung brennbarer Objekte durch Rauchgas- und Flam-
menstrahlung – Teil 2; vfdb-Zeitschrift, Heft 4/2008, Seite
159–173.

[12] Schröder, Hermann: Brandeinsatz – Praktische Hinweise für
die Mannschaft und Führungskräfte; Die Roten Hefte Nr. 9,
3. Auflage, Kohlhammer-Verlag, Stuttgart, 2007.

[13] Spielvogel, Christian, und Rüsenberg, Markus: Notfalltrai-
ning für Atemschutzgeräteträger; Die Roten Hefte/Ausbil-
dung kompakt Nr. 210, 3. Auflage, Kohlhammer-Verlag,
Stuttgart, 2009.